NF文庫
ノンフィクション

復刻版 日本軍教本シリーズ

「密林戦ノ参考　迫撃
部外秘」

佐山二郎編

潮書房光人新社

精神主義を感じさせない緻密なマニュアル
――「密林戦ノ参考　迫撃　部外秘」を読んで

報道カメラマン　宮嶋茂樹

　嗚呼、何という名誉であろう。あのミリタリー誌の草分け的存在、歴史ある「丸」をも出版される潮書房光人新社からお呼びがかかったのである。否（いな）、不肖・宮嶋ごとき無知蒙昧な輩が帝国陸軍による迫撃戦の参考書について軽々しく意見するなど、何と畏れ多いことか、恐縮至極である。ここは陽も届かぬ密林で、武運拙く、敵弾のみならず、病や飢えにより倒れた英霊に応えるべく、ヒザを正して臨まねばならぬ。

　不肖・宮嶋、写真を撮ることしか能のないバッタ・カメラマンである。戦後昭和生まれのため前《さき》の大戦は知らぬが、近代戦なら下手な軍人、政治家より多く、かつ長く見てきた自負だけはある。またガダルカナル、ペリリュー、サイパン、レイテ等々、皇軍将兵が倒れた戦跡も渡り歩いてきた。そして一九九二年から翌年にかけ、カンボジアでは陸上自衛隊施設部隊宿営地近くの密林で一九日間野営をつづけたこともある。そこで本書の専門的かつ詳細な解説は軍事技術研究家の佐山二郎氏におまかせするとして不肖・宮嶋からは多くの戦場、戦跡を見てきた実体験から述べさせていただきたい。

本書は密林での迫撃砲戦闘をテーマとして熱帯地域という特定の自然環境下の迫撃砲を駆使するという限定的な戦闘のための参考書という形態をとっているが、不肖・宮嶋も大戦時の熱帯から遠く離れた昨今のロシア軍によるウクライナ侵攻下でも、これに類した書を手にした事がある。

それはウクライナ南東部、現在もロシア、ウクライナ双方の激しい攻防戦のつづくボロディヤンカという小さな町でである。ロシア軍はこの町を占拠した後郊外にあった物流センターを接収、前線司令部を築いたものの、アメリカがウクライナ軍に供与したハイマース（HIMARS＝高機動ロケット砲システム）の攻撃を受け、一瞬で壊滅、ロシア兵の死体や武器から車両まで残したまま撤退した。その直後にそのロシア軍司令部跡に足を踏みいれた際である。

かりにも軍隊の司令部というには、まあ、ハイマースの直撃直後というのを考慮しても、あまりにも乱雑な将校用宿舎の足下を懐中電灯で照らしながら一センチずつ進む。家具やガレキにゴミをかき分けた先で、床に散乱していた書類の束があった。ブービートラップ（しかけ爆弾）に留意しながら、手にとると、ロシア軍による新兵訓練計画と書かれていた。そこには小銃、対戦車火器、その他の武器や地雷の取扱い方から実際の射撃まで、また救命などの知識、果ては戦争犯罪の教育まで、六週間に渡る計画書であった。閲覧者のサインも「秘」のスタンプもなかったが、こんな第一級の軍事機密文書を焼却もせず、残して撤退していくほど、ロシア軍はあわてていたということか、士気の低下が著しかったというべきであろう。

さらにロシア軍は、ウクライナの占領地で狩り出した新兵を、その占領地で訓練し、実戦に投入する、まさに「ドロ縄」であったことも、その書面から読みとれるシロモノであった。

ボロディヤンカだけではない。ロシア軍の占領下にあった他の町村のほとんどすべてでロシア軍は民家にまで押し入り、食料、衣服、家財を略奪後、放火や爆破と破壊と暴虐の限りを尽くした。首都キーウの郊外のブチャやマカリウでは略奪だけでは飽き足らず、強姦、民間人殺害、大量虐殺というありとあらゆる戦争犯罪に手を染めていた。

ロシアはソ連時代前の大戦終結後の旧満州（中国大陸東北部）、朝鮮半島、樺太、北方領土でも略奪、強姦、民間人殺害、放火とやはりもはや人の所業とも思えぬ蛮行をつづけたあげく、民間人も含めた五七万人以上の日本人を厳寒のシベリアや灼熱の中央アジアに連行、抑留し、その一割にもあたる五万七〇〇〇人以上を飢えや病で死に追いやるというナチス・ドイツもまっ青な戦争犯罪を犯しながら、賠償どころか謝罪もないどころか、今も開きなおり我らが北方領土を不法に占拠しつづけているのである。ようはロシアはそのソ連当時から、何も変わらず、二一世紀にもなって、相手が国防に充分な備えがないと見るやためらわず隣国に攻め込み、その間に手を染めたありとあらゆる戦争犯罪まで正当化する野蛮国家であり、またそれを支援する国も存在することを世界に証明したのである。

かわって皇軍、特に陸軍に抱くイメージちゅうたら、日教組の戦後教育に毒された不肖・宮嶋には散々たるものであった。

確かに勇猛果敢であったが「大和魂」を鼓舞し、忠勇を美徳とした精神主義に陥りマジで「歩兵の本領」を実践しようとしたのである。それは天皇を最高指揮官に仰いだ正に皇軍であった。帝国憲法に高らかに謳われたその統帥権を根拠に「上官の命令は天皇陛下のお言葉と同じ」とばかりに神聖視され、軍人勅諭が暗誦されたばかりか上層部への意見具申すらはばかられる始末、その結果兵站を無視し、人命すら軽視した無謀な作戦にも皇軍将兵は黙々と従うという、まさに旧態依然としたものであった。

　それがまあ、本書は、そんな陸軍に対するネガティブなイメージを払拭するに充分であった。

　将校、下士官、兵に至るまで階級に関係なく、分かりやすいイラスト（図解）いりで運搬方法、さらに北半球に住む日本人にとって不慣れな南十字星の見分け方まで懇切丁寧に教えてくれている。

　精神主義なんぞ微塵も感じさせないどころか、科学的根拠にもとづいた陣地構築に兵站の確保の重要性を説き、さらに訓練計画にまで心をくだいている。さらにさらに具体的数値や方程式まで示した弾道計算に着弾観測法は現在の日本でも充分通用するのではと思わせる。しかしこれが戦局が悪化した昭和十九年に配布されていたのである。

　もうひとつさらにしかし前の大戦で初めて、南方での本格的密林戦を経験したはずの皇軍が緒戦で破竹の勢いの進撃をつづけていたのも驚きながら、終戦後二九年間、フィリピンのルバング島の密林に潜みながら戦いつづけた小野田寛郎少尉の存在も精神主義に偏った皇軍の教育法があながち誤りでなかったことを証明したのでなかろうか。二九年間にも及ぶ密林で戦闘をつづけた小野田少尉の精神力は世界を驚かせたのと同時に世界中の軍隊がそのサバイバルのノウハウを欲したことも想像にかたくない。現在再び本書が配布されるなら、そんな小野田少尉から得られた、密林での衣食住に渡るサバイバル術を盛りこんだ上、最新の射撃術に関する参考書ができることであろう。

それにしても、インターネットなんぞ夢にも見なかった昭和十九年、本書が配布されてから八〇年足らずの現在の戦場がドローンによって支配されるようになっても、迫撃砲が第一線で主要な武器であることに変わりない。現に毎年陸上自衛隊により実施される富士総合火力演習でも迫撃砲の実弾射撃と部隊展開、撤収シーンは最初に披露される。

しかし、いくら科学が進歩しようが、地球が少しばかりあったかくなろうと、高温多湿な密林での厳しい自然環境は変わらず、人の進入を拒みつづける。

そして戦場が、人が人を殺し合う現場であることも変わらない。そしていつも正義が勝つとは限らず、敗れれば不当に扱われることも変わらない。本書が再び役に立つようなことがないよう祈るばかりだが、現在の世界情勢と我が国の周りを鑑みるに、備えを疎かにすべきでないことも悲しい現実である。

宮嶋茂樹（みやじま・しげき）

通称　不肖・宮嶋（自称「写真界のG・クルーニー〈年齢と髪型が同じ〉」）。一九六一年、兵庫県生まれ。一九八三年、日本大学芸術学部写真学科卒業後、写真週刊誌の専属カメラマンを経てフリーの報道写真家に。事件事故、災害、紛争等を北は北方領土から南は南極大陸までジャンルと所を問わず四〇年以上取材を続けている。著書に「ウクライナ戦記　不肖・宮嶋最後の戦場」、伊藤祐靖氏と共著で「君たちはこの国をどう守るか」（共に文藝春秋刊）。写真集に「GLORIOUS　FLEET　日出づる艦隊」（講談社刊）、「鳩と桜　防衛大学校の日々」（文藝春秋刊）、「国防男子」「国防女子」（集英社刊）等五〇冊以上。日本大学客員教授。

編者まえがき

「密林戦の参考　迫撃」は縦一二・八センチ、横九センチ、わずか六四ページの袖珍《しゅうちん》本《ぼん》である。平成十五年五月に入手したことは記録しているが、どこから、いくらで購入したかは分からない。表紙にしみが浮いているが、保存状態は良好である。ほとんど未使用の状態で、装丁もしっかりしている。

表紙の上方に回覧先を記したゴム印が押してある。右から順に校長、幹事、校付佐官、校付佐官、副官の五名に回覧するようになっているが、誰も見た形跡がない。ハンコは押していないし、サインもしていない。チェックマークの一つもないから、回覧されていないようだ。下の方にも丸いゴム印が押してあって、千葉陸軍戦車学校、密、19・7・18、来第1058号、受付と読める。表紙の右下に昭和十九年六月、教育総監部と印刷してあるから、この本は完成後直ぐに配布されたことが分かる。

左上の方にインクで2―2、その下に高木中尉と書いてあるが、これが意味するところは教育総監部から二冊届いたうちの二冊目で、高木中尉に預けられたものではないかと思う。つまり公認で高木中尉の所有になったということだ。その証明にもなるが本の右側に二か所千枚通しで開けたような穴がある。綴じ紐を通す穴で確かに貫通しているから、他の本と一緒に綴じられていたのであろう。

この本単独では保存性が悪いので、類書とともに表紙を付けて綴じ込むのは、陸軍の小型教範ではよく見られる形式である。どんな本と一緒に綴じられていたかが気になるが、ここは戦車学校であるから戦車関係の教範を集めたものか、あるいは教育総監部から送られてくる各種の教範を、内容はまちまちだがそのまま保存したのかもしれない。

一つ気になるところはこの本が全く新本同様で、開いた形跡すらないことである。昭和十九年七月といえば大変な時期であったと思うが、千葉陸軍戦車学校では密林戦に関心はなかったのだろうか。

太平洋戦争は昭和十六年十二月に始まった。十八年二月にはガダルカナル島からの撤退、五月にはアッツ島の玉砕があった。従来陸軍の仮想敵国はソビエト軍であり、

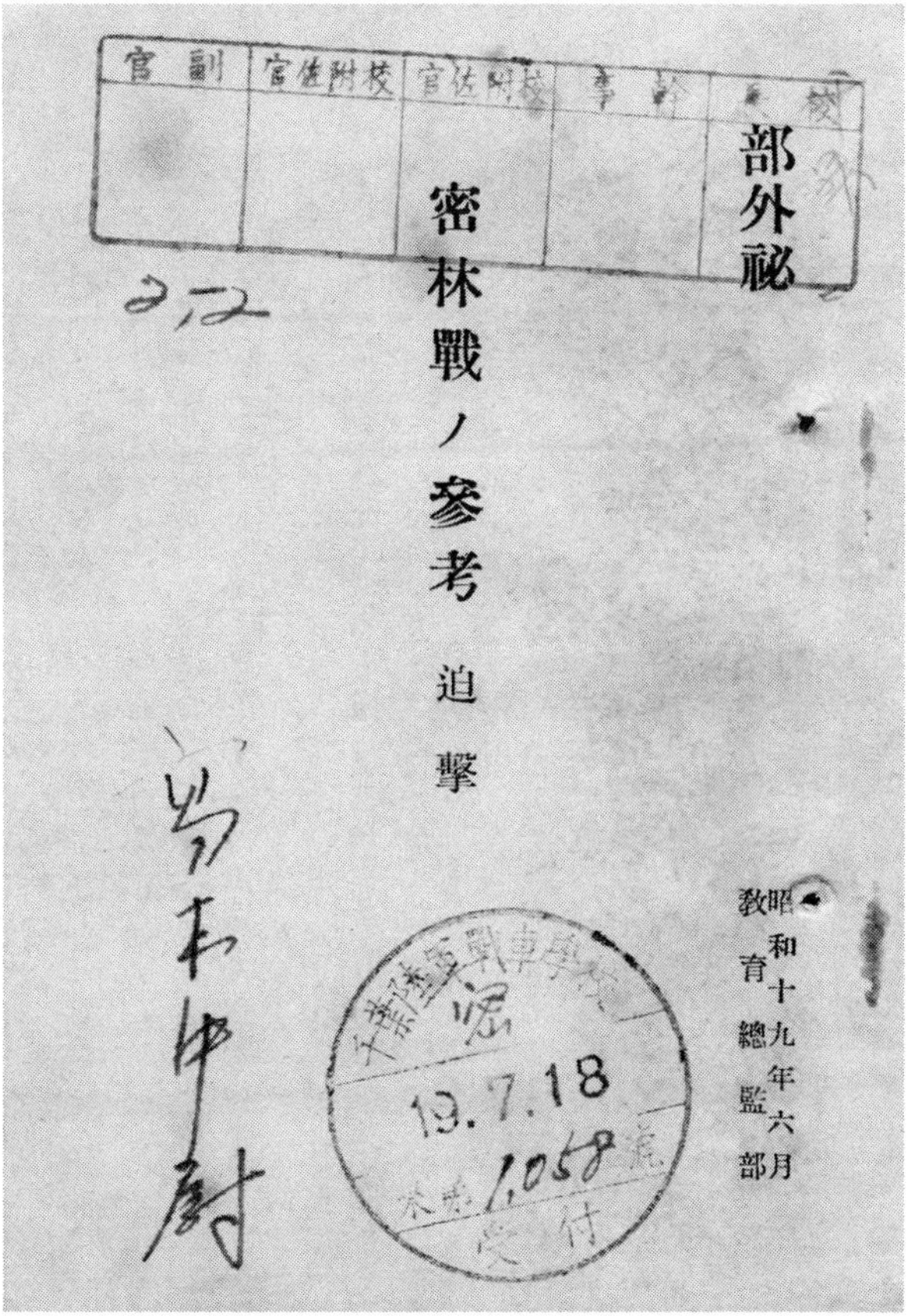
部外祕
密林戰ノ參考　追撃
昭和十九年六月
教育總監部

表紙

また現実に一〇年以上戦い続けている相手は中国軍であって、米濠軍相手の熱帯密林での戦闘の様相は見当がつかなかった。訓練の参考になる資料は皆無であった。

そのときからニューギニアあたりの密林戦の研究を始めたが、教範が出来上がったころには戦線が北上して島嶼戦になった。そういう時にあって、教育総監部から全国の部隊に配布された希少な密林戦の教範を一中尉に預けて、有効活用しなかったのは理解に苦しむ。

陸軍では普通こういう資料は孔版で復刻印刷し、広く下士官にまで配布するという手法がとられていた。戦車部隊は密林戦では出番がなかったし、対象が迫撃砲だからあまり関係はないと考えたのかもしれない。

この本の内容はすべて以下に書き写した。一部の軍隊用語だけは現代風に書き換えたが、明治、大正時代の教範のように難解ではなく、原文のもつ風格もあるので、必要以上に直してはいない。誤植は一か所もなかった。難読な漢字や言葉もほとんどない。陸軍兵器に関する教範としては、非常によく考えられた、読みやすいテキストになっていると思う。

最初の通則を読めば密林地帯における迫撃砲の役割と行動について、この本に記載されている内容が分かる。各項目は順に読んでいけば十分理解できる。編者は原文にあたって二度、三度と繰り返して読むこともあったが、それほど難しいとは感じなかった。

例えば「清掃」という言葉が何度も出てくるが、現代のわれわれが用いる「清掃」とは大きく違う意味であることは、前後の分脈から自然に感得することができる。この本にいう「清掃」の意味はどの国語辞典にも出ていない。この本を読む人だけが使える言葉なのである。同じように「林空」という言葉は、直感的には密林の上方にポッカリと開いた空間というイメージだが、それは全く違って、地上の林や叢が山火事で焼野原となった空き地のことなのである。それも文章の中で次第に想像できるようになる。

編者は言葉が分からないときは大正五年に初版が出た分厚い辞書を引くが、載っていないことも多い。インターネットではかすりもしない。日本陸軍の、さらに特殊な分野だけで用いられた専門用語ということである。この書を読んで難しいと思いながらも理解されれば、その言葉は継承されたことになる。昭和十九年夏に出た本であるから、まだ八〇年しか経っていない。ついこの間、密林で苦労した兵たちがいたのだ。われわれが代わって振り返り、反省の材料とすること、これも復刻版日本軍教範シリーズの目的の一つであると編者は考える。

この本を執筆したのは勿論教育総監部ではない。内容から窺うと現実に南方の密林地帯に派遣されている迫撃砲部隊の一つであろう。密林勤務は実戦が少ないから幹部隊員が起草したものを上層部に提案し、最後に教育総監部に提出された結果、時節柄有用であるとして本にしたものと思われる。教育総監部が執筆を指示した可能性はない。

本書のような特殊分野は陸軍にたくさんあり、兵種によっても違うことから、教育総監部が全体を掌握して出版を計画することなど無理であったし、昭和十九年のこの時点になってから教範を作ろうとしても間に合わなかったであろう。

ただし、現場の部隊から報告を上げることは普通のことであるから、実戦に携われば戦例・戦訓として報告するし、戦法などの研究結果も文書にして報告を上げる。編者は本書の編纂にあたって、ほかにも密林戦に関する資料があるのではないか、ほかの兵種でも同じように研究したのではないかとひらめき、早速アジア歴史資料センターのデータを検索した。その結果が第一章以降に収載した資料群である。

想像したとおり密林戦に関わった部隊から多くの報告が上がっており、中にはきちんと報告書の体裁をとったものもある。ただしこれらの文書が「密林戦の参考　迫撃」のように印刷製本されて各部隊に配布されたかというと、それはないであろう。

第一章以降を読み進めていけば分かるが、陸軍の報告書は書く人によって文体が変わり、常套文句を多用したり、徒に戦時気分を煽るものが多い。資料としてはあまり有用でないものも多いし、信用できない数値があることは明らかである。

しかしその中でもこれはと思う資料があったので、本書に引用することにした。原文はほとんど手書きで解読できない部分もあることから、多少の修正や想定もあるが、文章を作ってはいないので、密林戦に関する当時の生資料として読んでもらえばよい。

以下に収載した資料の概要を説明する。

「**密林戦**」は昭和十七年八月に大本営陸軍部が作成したもので、南方作戦が始まって最初の密林戦に関する資料である。密林戦における各兵種の任務、各兵種の協同、夜間戦闘、通信連絡などが詳細に記述されている。マレーなどにおいて実施された密林地帯の自動車機動作戦の戦訓は他の資料に見られない。

「**密林地帯における飛行場設定上の経験**」は実際に飛行場設営を担う野戦飛行場設定隊がその経験を記録したもので、密林内における滑走路などの構築は樹木の伐採、倒木の片づけ、整地の手順で行われ、その難易について具体的に記録している。伐採に使う道具は主に鋸と鉈であり、引き倒すには牽引車が有効としている。わが工兵の手腕の見せ所であった。

「**南方地域における作戦に関する観察**」は大本営陸軍部が昭和十八年十一月にまとめた極秘文書である。制空権が作戦に重大な影響を及ぼし、地上作戦は沈黙作戦の継続であり、志気の沈滞を来すおそれがある。戦況が静穏であることを軽視すべきではなく、むしろ敵の準備期間として考えることを要する、としている。これが密林作戦の本質である。

「**南東方面ジャングル地帯における砲兵戦闘の参考**」は第一線野戦重砲兵部隊の戦訓である。密林では樹枝などにより破片効力は低下する。したがって野砲、山砲は使用価値が少なく、十五榴級野戦重砲または迫撃砲が賞用されるとしている。歩兵が若干の弾丸破片を浴びる覚悟をすれば突撃支援などに有効に使えるだろう、と大本営陸軍部がいちゃもんをつけた。

「**密林戦に関する戦訓**」は海軍が作成した軍事極秘文書である。海軍でも陸軍と同様に密林戦を研究し、注意事項をまとめて配布していた。密林戦における敵のマイク地帯についての注意事項もある。いつも感じることだが、海軍の資料は文章が分かりやすい。陸軍のものを真似しているわけでもない。本書に収載した資料の中でも最も有効な資料ではないか。

「**密林内行動の参考**」は印度軍附の情報主任将校が部下の諜報要員に講述したもので、炊爨時の竹を使用した発火法や、密林内で敵に遭遇した際の処置などが具体的に教示されている。就寝時は小径、動物の通路、水渓、山背などは避ける。これらは通常夜間における密林の大道で、虎の襲撃を受ける危険があるそうだ。密林の危険は経験しないと分からない。

「**密林山地内の不期戦闘**」は現地部隊が作成した「戦闘教令」の一部で、密林戦で自隊が実際に経験した危険八項目を簡潔に述べている。猪突猛進は囮に掛るが、不意に敵が現れた時は突撃せよ。敵は地上ばかりではない、樹上からも撃ってくる。軽機、小銃の腰狙射撃、擲弾筒の水平射撃をして突撃せよ。躊躇した方が負けだ。まさに戦闘実践マニュアルである。

「**森林戦の参考**」は森林戦の問題七項目について現地部隊が報告した軍事極秘文書である。この中で敵の鳩兵について一項目を割いて言及しているのは、よほど敵の狙撃兵から狙われた経験があるのか、他の資料には見られない内容である。ゲリラ戦や遊撃戦について現場の生の声を載せているのも興味深い。森林戦における敵戦車の動きも有用な経験録である。

「**沖縄作戦の教訓**」は昭和二十年六月に大本営陸軍部が作成したもので、沖縄守備軍の教訓は必ずしも国土決戦に適用し難いものがあるが、本土決戦の真剣な作戦準備資料になるとしている。蛸壺陣地と洞窟陣地との転移、馬乗り攻撃、M４戦車との戦闘はよく知られているが、戦績が思わしくない指揮官統率の良否などについても分析しているのは珍しい。

「**独立重砲兵第三大隊のラバウル洞窟陣地**」は月刊誌「偕行」に掲載された記事を要約して引用したものである。洞窟陣地の内部に据えられた八九式十五糎加農の写真は知られているが、この洞窟の規模や工事の内容については不明であった。当時の重砲兵部隊の方々が記憶に基づいて記事を書かれたお陰で概要を知ることができた。火砲は九門あったそうな。

「**満州における密林**」はもともと密林作戦といえば満州、シベリアの密林のことであったから、参考としてここに掲載した。編者は満州東北部の虎頭要塞からロシアの密林地帯を眺めたことがあるが、そこは鬱蒼として得体の知れない大森林地帯であった。熱地の暑熱はないにしても、寒波があり、湿地帯もある。蚊の大群がいることも忘れてはいけない。

「**ニュージョージア島ムンダ方面作戦**」は傷病兵の体験談である。南方諸島は珊瑚礁、湿地帯、密林地帯で、珊瑚礁の通過には地下足袋が一番である。毒蛇、サソリ、ムカデの襲撃に苦痛を感じた。補給不能のため作戦中椰子の実、ヤドカニ、蛇、トカゲ、フカ、牛、野豚を食用とした。給水困難で煮沸飲用したが、大部分の者が大腸炎にかかったという。

「**チンドウイン河左岸戦闘の教訓**」は現地部隊による戦例報告である。対戦車障害として樹木約二〇〇〇本を伐採し、蔦で繋いで地上に敷き詰めた結果、敵戦車は七日間現出しなかった。また対戦車および対舟艇障害として、軽油で火焔地帯を構成する価値は大きいとも報告している。敵戦車に対する反撃には蜘蛛の巣陣地戦法を用いることが有効であった。

「**挺進遊撃戦に関する戦訓**」は大本営陸軍部が収集した戦訓集である。ペリリュー作戦、モロタイ島戦闘、ビルマ作戦、南東方面、その他方面における挺進遊撃戦のデータを整理し、簡潔に説明している。その総てで密林戦闘が行われたわけではないが、挺進奇襲および遊撃戦は夜間密林から海上に挺進する場合が多く、少数兵力による冒険的戦闘はわが国らしい。

「**熱地給養の参考**」は名古屋師団経理部が作成した資料で、経理部は衣食住業務を担当した。食物は炎熱とスコールのため腐りやすいので、弁当の携行法には注意を要する。弁当は梅干炊き込み飯が一番よい、携行するには飯骨柳（はんこり）が飯盒より半日位長持ちする。また糧食品の腐敗防止には簡易冷蔵庫が有効であるとしてその製造法を教示している。

「**戦力の保持について、マラリア対策の徹底**」は昭和十八年十一月に大本営陸軍部が作成した極秘文書「南方地域における作戦に関する観察」の一部分である。南方戦場における敵は米濠兵よりも、熱帯地における自然の克服にあり、なかんずく戦力の消耗はマラリアに起因するところが最も多い。マラリアは将兵の体力気力を消磨させ、二日間で死亡する。

「**熱地作戦における一般装備に関する考案**」は現地部隊から出された密林で必要となる資材などについての要望事項であるが、このうち多くは実現されたはずである。密林では偽装網は行動を困難とするので使えない、携帯口糧のうち乾パンは数日で青カビを発生するので不可としている。キニーネはやはり米兵も濠兵も携帯していたのだ。

「**熱地教育要綱**（**衛生**）」は戦地に随伴した軍医が執筆したもので、熱地の気候の特徴、人体に及ぼす影響、衛生教育および衛生装備など、有益な情報が満載されており、かなり専門的であるが、今日においても参考になる項目が多い。露営は山脚・湿地・藪のように蚊が発生する付近を避け、椰子林、ゴム林などは概して土地が乾燥し、排水良好で露営地に適する。

「**現地給養諸品の特質と喫食対策**」は戦局が押迫りつつあった昭和二十年四月に現地部隊が作成した資料で、代用主食のタピオカなどは腹が張るため一日に三回食べるのは無理がある。副食物についても同様であり、今後の徹底的自活体制においては今までの三食法に限定せず、一日数回に分食するのが適当である。ただし脚気の発生を警戒しなくてはならない。

「**比島作戦において尚武集団の得た戦訓（衛生）**」は昭和二十年六月に作成された。洞窟病院の構築、衛生材料の欠乏、昼間炊事の無煙並びに火の隠匿、野糞による蝿の発生を防止するため夜戦便所の指導、マラリアで頓死した者の遺留品中に服用しなかった予防内服用錠剤を発見。衛生材料中外観が菓子に類するもの、あるいは糖衣錠など栄養剤の盗難が多発する。

原資料は様々で戦史研究の本筋からは外れるものもあるが、密林戦が行われて八〇年が過ぎ、経験者が生存しなくなってから立派な本になった。この本が活用されることを望むが、このような状況は絶対に再来しないことを願う。
　この本は潮書房光人新社の小野塚氏の手により書籍化された。最後に付記して感謝申し上げる。

二〇二四年五月

佐山二郎

復刻版　日本軍教本シリーズ

「密林戦ノ参考　迫撃　部外秘」

——目次

第二章　密林戦の戦例戦訓

第三章　密林戦の衛生

復刻版　日本軍教本シリーズ

「密林戦ノ参考　迫撃　部外秘」

密林戦ノ参考　迫撃

部外秘

昭和十九年六月　教育総監部

35　密林戦ノ参考　迫撃　部外秘　昭和十九年六月　教育総監部

本書は熱地にある密林地帯における迫撃隊の戦闘に関し参考となるべき事項を輯録せるものにしてさらに研究推敲を要すべしと雖も取敢えず配付す。（この部分原文のまま）

昭和十九年六月　教育総監部本部長　野田謙吾

密林戦の参考　迫撃　目次

密林戦の参考　迫撃

通則

一、本書は熱地にある密林地帯における迫撃隊の戦闘に関し、参考となるべき事項を記述する。

二、南方戦場の実相は敵の絶対制空下に熾烈な砲爆撃を受け、地形は密林であるため部隊の行動および火力発揚は困難である。このため迫撃隊は地形の偵察を周到にし捜索、射撃準備、陣地および交通の諸設備、連絡、弾薬の集積および補充を適切に行い、随時随所に機動能力を発揮し、万難を排して迫撃隊本隊の威力を発揮するよう勉めること。

三、迫撃砲は人力による搬送が容易で掩蔽が良好な陣地を選定することができ、また発射速度が大きく至短時間に急襲的に濃密な火力を発揚することができるのみならず、弾道上森林により妨害されることなく、遮蔽度が大きい目標を射撃し得るので、密林地帯において最も威力を発揮することができる火砲である。

四、迫撃隊はその特性上企図および行動の秘匿が容易であるので、時日の許す限り築城を実施し、かつ各種の欺騙行動、偽工事を併用すれば、優勢な敵の砲爆撃下においても、なおよくその損害を避け、戦力を貯存し、迫撃本来の威力を発揮することができる。そして敵に対する絶対の遮蔽は損害を避けるための第一要件である。

五、編成、装備は作戦の必要に即応し、適宜これを定めることが必要である。このため着意すべき事項は左のとおりである。

(一)　密林踏破は専ら人力搬送によるので、搬送具の創意、整備を必要とする。

(二)　指揮機関は特に連絡装備なかんずく戦場の実相を顧慮し、各種視号通信（手旗・光線など目に見える方法で行う通信）の資材を充実することが必要である。

㈢ 陣地構築および交通作業のため土、木工器具を増加装備する。

㈣ 自衛装備を充実し、また押収兵器の取得利用に勉める。

㈤ 弾薬は砲数を減らしても極力多く携行し、かつ常に若干の発煙弾を装備するとともに、特に薬筒、薬包、信管などの防湿の処置に遺憾がないようにする。

六、準備訓練は密林戦遂行のためその価値が特に大きいので、他の作戦準備と併行し、これとよく調和を保持しつつ、万難を排して実施しなければならない。そして準備訓練は戦闘指導の要領と密林地帯の景況とを考慮し、戦闘の特質に適合するよう訓練計画を確立し、重要事項について徹底して訓練を行うことが重要である。

七、本書は迫撃隊教練規定に準拠し、特に必要な事項についてのみ記述する。

第一章　陣地偵察

八、第一線歩兵に専任的に協同する場合においては、観測所は最前線に進出し、放列陣地もまた第一線に近く占領し、直前の敵を最も有効的確に射撃できることが必要である。ただしこの場合においても後方目標の捜索、射撃を顧慮し、補助観測者を高樹上などに配置する着意を要する。

九、迫撃砲は弾道の特性上砲兵に比べて広闊《こうかつ》な射界を求めることができるので、迫撃砲、砲兵、指揮機関など後方の重要目標の制圧など砲兵的な任務を行うことができる。主としてこの種任務の射撃に任じる場合においては企図の秘匿、損害の減少を図り、かつ射界を広くするため第一線よりやや後方に放列陣地を占領する。また観測所は射撃指揮を容易にするため極力砲側の高地または高樹上に選定することを可とする。この際常に歩迫の連絡を緊密に行い、かつ捜索、観測に任じるため前進観測所を第一線に置くことを要する。

一〇、観測所はなるべく敵が予想しない地点に選定する着意が必要である。敵方に面する高地の斜面、傾斜変換線などに選定すれば観測は容易である。

観測所の視界は一般に狭小であるから、補助観測所並びに随時移動できる観測所の選定および数個の観測斥候を派遣するなど、綜合視界を大きくする着意（着想）を必要とする。

観測所を樹上に選定できるときは捜索、射弾観測などに有利に使用されることが多い。しかし敵飛行機、砲兵、狙撃兵などの目標となりやすいので、特に偽装を完全に行うことが必要である。

偽装遮蔽上顧慮すべき事項は左のとおりである。

㈠ 偽装に用いる草および小樹木はなるべく根付きのものがよく、特に苔は有利である。樹枝または刈取った草などは枯凋《こちょう》（枯れしぼむ）により色が変わりやすい。やむを得ずこれらを使用した際は外観を変えないようしばしば更新することが必要である。

㈡ 密林内はほとんど無風に近く、樹草が動くのは人がいる兆である。ゆえに樹草を動かさないように行動し、また樹枝などを遮障《しゃしょう》として前進する際はその行動を緩やかにし、外観を急激に変化させないように注意を要する。

㈢ 一般に地物利用にあたっては上空からの偵察に対して陰影を生じないよう、身体を偽装して地物に密着させ、また敵情監視などの際は特に顔面部をも偽装し、眼高を必要の最小限にする着意を要する。

㈣ 観測所などの設定にあたっては先ず偽装した後進入するようにし、やむを得ない場合においても器材を偽装して設置する着意が必要である。

一一、放列陣地は一般の条件を顧慮し選定するほか、左図の要領により上空に絶対遮蔽し、かつ射界の清掃が容易に行えることを要し、枝の張りがある大樹の下

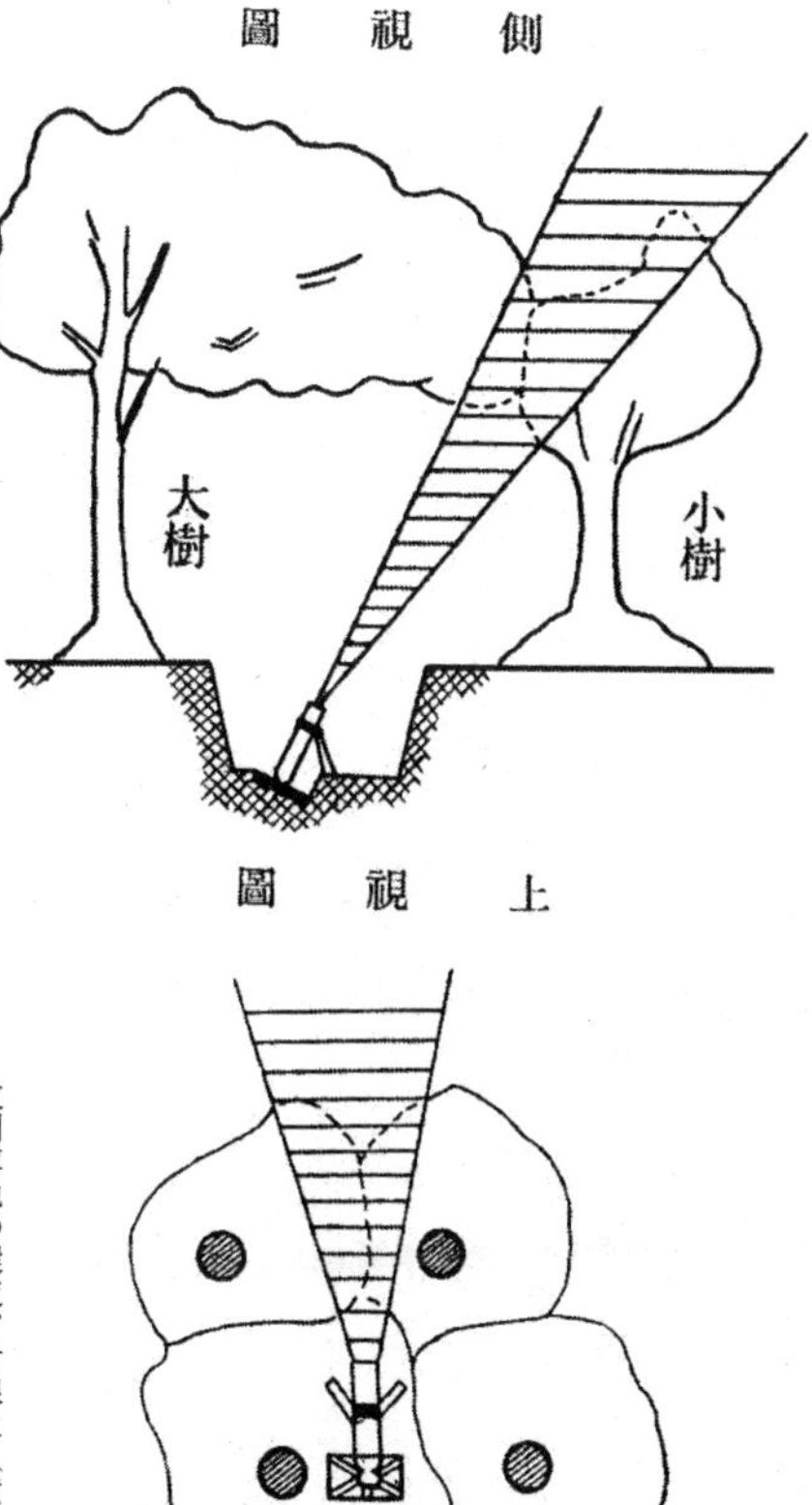

放列陣地の選定、射線上（横線範囲）の樹枝、蔦などを取り払う

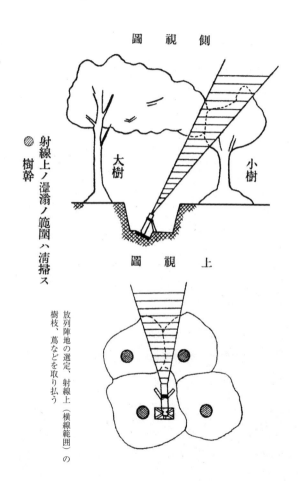

方に選定することを可とする。

放列陣地の偵察にあたり各砲の首線の方向は磁針、天体、空中写真、地図などにより勉めて正確に決定することを要する。またできる限り近くの高樹を利用し、これを点検する着意が必要である。

迫撃砲の発射にともなう砲煙および火光を敵眼に曝露させないために要する遮蔽度の標準は、軽迫撃砲では約一二メートル、十二糎迫撃砲では約二〇メートルである。

一二、密林内における基点、標点は抽出樹、枯木、樹幹の白い木、地類界の明瞭な地点などを選定する場合が多い。この際これら地物は相似のものが多いので、写景図などを利用し、誤りなく同一のものを授受することに注意する。

一三、陣地は敵の砲爆撃に対し損害を避けられるよう一か所を堅固に構築するほか、状況の変化に応じ主動的に任務を達成し、あるいはこれらのため陣地が清野化(焦土化)される場合を顧慮し、なるべく多くの予備観測所および放列陣地あるいは臨機の射撃位置を準備することを可とする。そしてこれらの位置および移動に関してはあらかじめ周密に計画し、所要の統制を行うことを要する。

一四、段列の位置は敵の砲爆撃を考慮し警戒、連絡の許す限り放列陣地および他の段列と離隔させることを要する。段列においては工事を実施することは勿論であるが、適時他に移動できる着意をも必要とする。

　弾薬集積所の配置は敵の砲爆撃により焼夷、連爆を避けるため分散し、かつ防火上周囲の草を刈取ることが必要である。そして後方よりの補充にあたり地形、敵の砲爆撃などを顧慮し、補充路に沿い中継所を設けることを要する場合がある。

一五、陣地の各施設は敵に発見されないよう著明な地点、例えば道路、林空（樹木がない野原）、抽出樹、特異な樹木、水流、湖沼などの近くは避けるほうがよい。
　敵の砲爆撃の誘致、分散を策すため偽観測所、偽放列陣地、偽侵入路などを設けることは有利である。

一六、各級指揮官は各隊の陣地偵察にあたり機を失せず勉めて現地につき的確に命令することが必要である。また陣地偵察のためには十分な時間を与えることが必要である。

一七、偵察の準備および実施にあたり着意すべき事項は左のとおりである。
㈠　実地踏査に先だち空中写真によりあらかじめ地形、林相（木の種類や生え方）などを綿密に判読し、陣地に適する位置を求めるとともに偵察経路、方向維持のため躍進すべき要点、自己位置決定の要領などを立案する。

密林地帯には湿地、小流、断崖などが多く、概定した陣地もこのため変更せざるを得ない場合があるので、数個の陣地を予定しておくことが必要である。

㈡ 出発にあたっては方向維持のための材料、鎌、なた、木登り材料、標示材料などを携行する。

㈢ 偵察にあたっては方向維持に注意が必要である。このためには磁針、天体、空中写真、地図、経路機などによるが、器材のみに依頼することなく地貌を判断し、適宜中間目標を選定し躍進する。

㈣ 偵察は進路に標示を付しつつ実施する。

①進路標示は樹木を眼の高さで削り（他の部隊と区別するため特異な削り方をする）、または木片、撒紙、夜光虫、蛍、石灰などによる。この際標示が転位することを顧慮し、方位を明示し、また敵に対し秘匿することに注意する。必要であれば標兵（目標とするため立たせておく兵士）を配置する。

②標示材料は進路の状況を予察し多種多量に準備携行する。

③林空、林道通過の際には進出、進入位置を明瞭に標示し、もしくは閉塞する。
④進路標示は約一〇メートル毎に、距離の標示は約一〇〇メートル毎に、地障などはその手前約一〇〇メートルの地点にこれを標示する。
⑤時間の余裕が十分ある場合には、偵察すべき地帯内に先ず縦横数線の小径を啓開（障害物、危険物などを取り除いて進行を可能にする）した後、偵察踏査することを有利とする場合がある。これによりよく密林内の状況を観察し、特に方向判定、かれこれ林相の状態などを比較することができる。
⑥偵察間警戒を厳にする。

第二章　陣地進入及陣地設備

一八、陣地進入に先だち進入路の構築、補修、標示、交通整理など事前の準備を周到に行うとともに、進入にあたっては特に部隊の掌握を確実にし、混雑、雑音の防止などに関し遺憾のないことを要する。夜間において特にそうである。

一九、大（中）隊長は侵入路の構築、補修、陣地およびその付近の清掃（支障となる樹木、蔦、草などを取り除く）などのため作業隊を部署する。作業隊の編成、携行材料および任務の概要の一例は左のとおりである。

長　将校一　携行材料 夜光羅針一、小笛一

標示班　下士官一、兵五　携行材料 夜光羅針一、磁針方向盤一、標柱三

任務の概要　羅針および方向板により進路の概要を、標柱によりその細部を決定する。

作業班　下士官一、兵一二　携行材料 鎌二、なた二、鋸二

任務の概要　鎌手 伐開、なた手 清掃、鋸手 倒木

警戒班　下士官一、兵八　携行材料 小銃九、予備器具 若干

任務の概要　警戒に任じ、所要に応じ作業班の予備となる。

二〇、進入路秘匿のためには偽装、遮蔽、轍痕（わだち）の消滅などの処置を十分に行うとともに、偽進入路を設け、敵を欺騙する着意が必要である。

二一、放列陣地および観測所は掩蓋を有する掩体を構築し、所要の射（視）界を清掃するとともに、側方または後方に人員の退避掩壕および弾薬用掩壕を準備する。

防御または時日に余裕がある場合の攻撃などにおいては通常後方の適宜離隔

した位置に掩砲所および各種掩蔽部を設備する。
前項諸施設は適宜障害物で囲繞《いにょう》（取り囲む、いじょうとも読む）し交通連絡路を設備する。

二二、観測所は敵眼に対する遮蔽を顧慮して広く清掃せず、若干移動して視察し、綜合した視界により任務を達成できるよう設備する。
樹上に設ける観測所は時間に余裕がある場合においては野戦築城教範第一部に示す展望台構築の要領により、その他の場合においては簡易な小座席を設備し逐次増強する。この際できる限り土嚢を利用し、掩護の設備を設ける。

二三、砲の掩体構築上着意すべき事項は左のとおりである。

㈠　方向射界は左右計約六分画とする。この分画以上側方を射撃する場合においては交通壕より分岐し別に構築した掩体に臨機移動することを要する。（一分画は一〇〇密位《ミリイまたはミル》、密位は円周を六四〇〇等分した角度、したがって六分画は三三・七五度となる）

㈡　A―B線より後方には掩蓋を冠する。

㈢　軽湿地、腐葉土層に砲を据える場合においては木材または岩石で基礎を固めることを要する。腐葉土層が浅いときはこの部分を除去する。

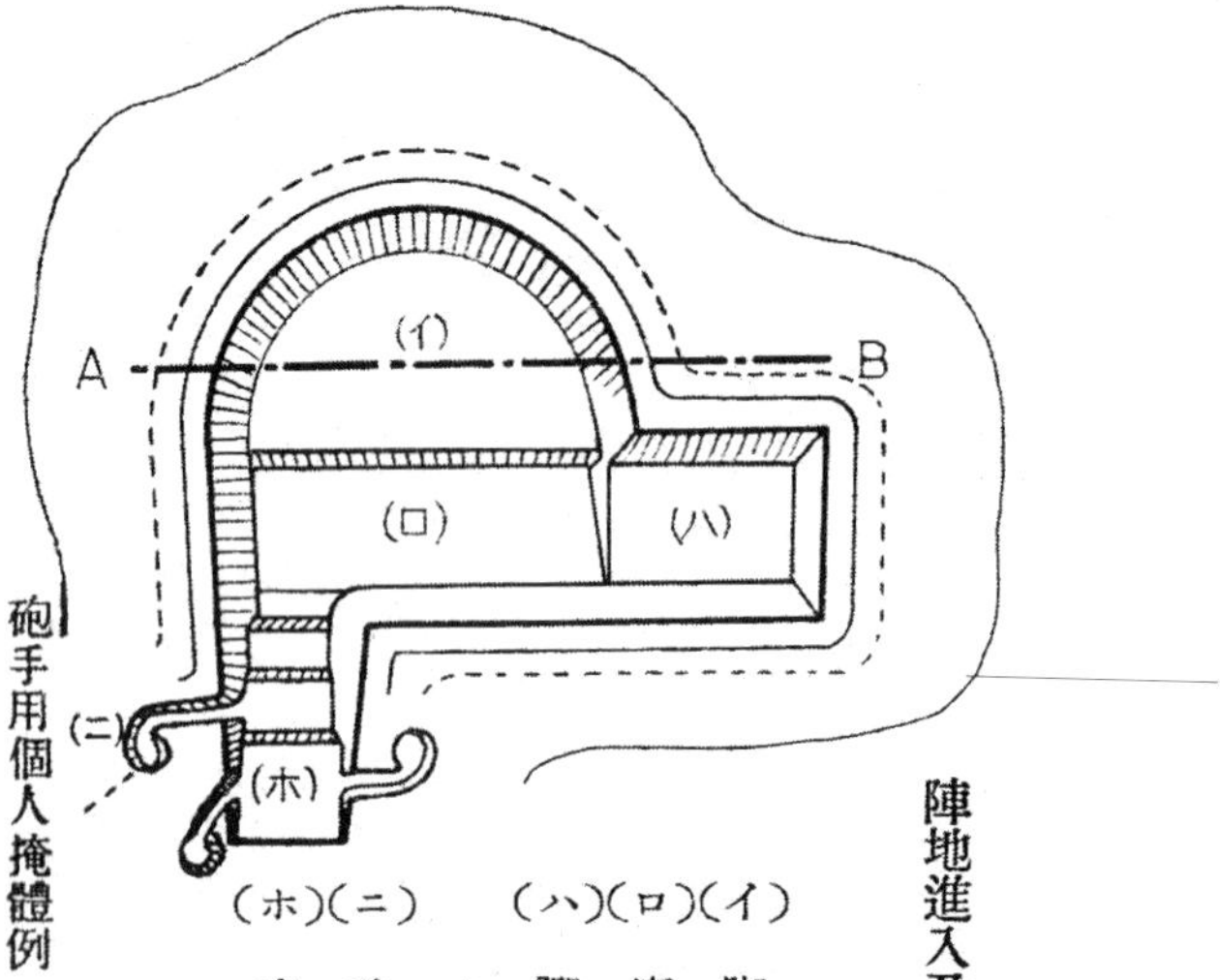

陣地進入及陣地設備

(イ) 脚位置
(ロ) 床板位置
(ハ) 彈藥置場（輕迫約百發、十二迫約五十發）
(ニ) 砲手待避掩壕又ハ掩坑
(ホ) 交通壕

迫撃砲放列陣地平面図

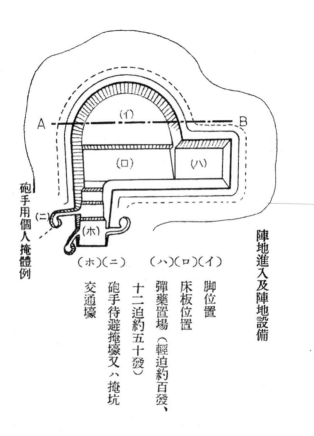

二四、射（視）界の清掃は左の要領により実施する。

㈠ 射（視）界の清掃は遮蔽を顧慮し樹枝にあらかじめ纏絡懸吊した縄により、これを外側などに引張り使用の際のみ最小限に開き得るようにし、やむを得ない場合は枝を伐採する。

㈡ 射界の清掃は所望の射界を射撃し得るよう前方の樹間に首線（射撃方向）を通じ、必要最小限に丸窓式に実施する。

丸窓の範囲は左右計約六分画（射距離五〇〇ないし一〇〇〇メートルにおいて概ね密林突破における第一線歩兵大隊の攻撃正面とする）、高低五〇ないし八〇度（射距離五〇〇ないし二〇〇〇メートルの間）を標準とする。

㈢ 視界の清掃は必要な最小範囲を実施する。敵に近い場合において特にそうである。

㈣ 清掃にあたって分隊長（指揮班長）はあらかじめ首線を確定し、補助具（清掃の範囲を簡単に測定するため左右および高低の目盛を記したメガホン式のもの）を用い清掃範囲を測定し、清掃を要する箇所の標定を行った後作業に着手する。

㈤ 清掃用の資材は左のとおりである。

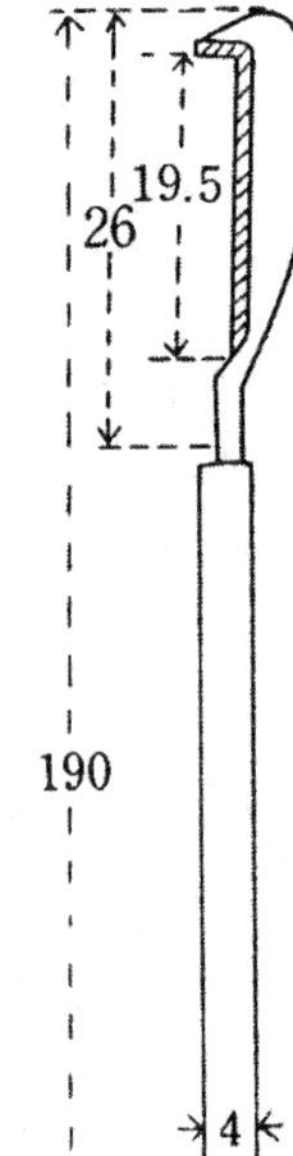

長柄鋸

上方ノ樹枝伐採ニ使用ス柄ヲ輕ク且長クシタル鋸ハ他ノ資材ニ比シ特ニ大ナル力ヲ必要トセズ伐採作業容易ナリ

樹枝引張用具ノ一案

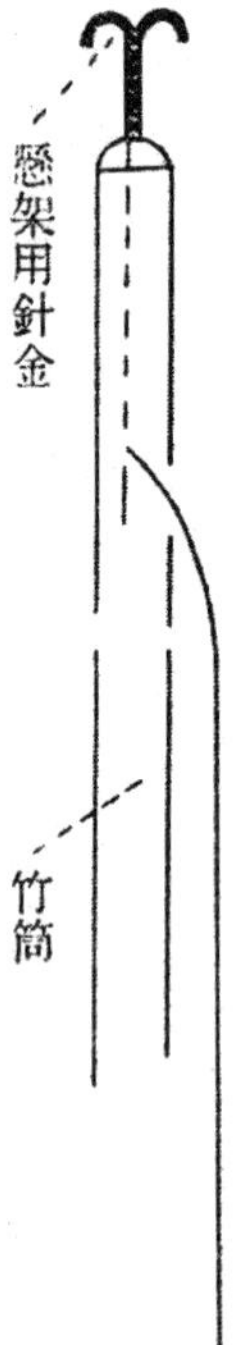

清掃用器材の一例

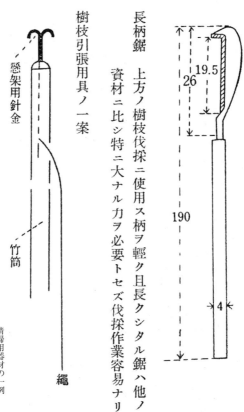

①手斧、なた、鋸　下方の樹枝伐採に使用する。
②現地なた　上方の樹枝伐採に適する。
③長柄鋸　上方の樹枝伐採に使用する。柄を軽くかつ長くした鋸は他の資材に比べ特に大きな力を必要とせず、伐採作業が容易である。
④樹枝引張用具の一案

二五、標定点は通常二門（できれば四門）より同一のものを覘視《てんし》（覗き見る）し得るよう密林を啓開して特設し、かつこれに掩体を施しておく。
密林内は前方に射向点検を行うべき特異物がないので、後方に標桿（照準の目安とする小柱）二本を設置し、射向点検の資に供することを要する。

二六、弾薬用の掩壕または掩蔽部は概ね五〇箱を収容し得るもの（幅三・六メートル、奥行一・二メートル、深さ一・二メートル）とし、約五〇メートルを隔てて分散する。

二七、陣地の周囲には障害物を設置し、これに火力をともなわせて自衛に遺憾のないようにする。障害物は樹幹（樹枝）、鹿砦（枝などを鹿の角のように並べた障害物）、係蹄（足元を引っ掛けて行動できなくする障害物）、陥穽（落とし穴）、対戦車壕、対戦車地雷、一般地雷、手榴弾などを併用し、なるべく数帯を設ける。そして陣地要部と障害物との距離は少なくとも敵の擲弾距離（約五〇メートル）を離隔する。敵の近接を察知するためには鳴子（縄に竹片をぶら下げ、縄に触れると音が出る）などを併用する。

二八、陣内交通にはできる限り交通壕を設け、かつ標識、道標など付設する。陣内に構成する有線通信は交通壕の内部側面に留線仮設ができるようにし、できない場所には埋設する。

二九、掩体、掩壕、交通壕などは排水設備を行い掩蔽部、弾薬置場には内部に雨水の流入、漏水しないよう処置する。

三〇、偽陣地は上級指揮官の統制下になるべく多く設ける。偽陣地は特に敵の空中写真に対して効果があるように位置の選定を適切にし、その設備は真素質（材質）に近似させることが重要である。

三一、偽観測所は敵の常套手段に鑑みなるべく高所に設ける。また適宜高樹上に観測所を偽設し、あるいは偽観測鏡を出没させ、所要に応じ一部の人員を実働させる。

偽放列陣地は林空、林縁、道路および図上著明な地点の近く、時として錯雑地に設け、偽砲を配し、偽装網を展張し、所要に応じ擬砲音、煙などを発生させる。また交通跡の作為に勉める。

三二、偽工事を設けるにあたっては、これに対する敵火のため友軍に危害を及ぼさないよう適宜離隔すること。

偽工事に巧みに煙を併用すれば敵の注意を牽制する利があるのみならず、工事の不備を補うことができる。

第三章　情報、気象及測地

第一節　情報及気象

三三、捜索を部署するにあたっては捜索の目的を明示し、かつ捜索任務を局部的に限定することが必要である。また捜索は数方向より穿貫的に連続実施し、機微な徴候であってもこれを捕捉することが重要である。このため観測斥候（潜入する斥候を含む、以下同じ）および第一線に進出した観測所による捜索、空中写真および地図の利用、肉耳（直接聞く）あるいは音源標定による捜索、飛行機による目標の標示など各種捜索手段を活用することが重要である。

三四、観測所は通常視界が短小で、一観測所においては所望の捜索および射弾観測、特に適時適切な火力の操縦は困難である。ゆえに最前線の各要点になるべく多くの観測斥候を派遣し、あるいは指揮官自ら各種観測所などを巡回捜索することにより、綜合視界を大きくすることが必要である。

三五、密林地帯にあっては積極的に敵の間隙に潜入し、情報の収集に努めることを有利とする場合が多い。

潜入斥候に関し着意すべき事項は左のとおりである。

㈠ 人選に注意すること。特に斥候長の選定が重要である。

㈡ 進路の啓開、方向維持、自衛、衛生、給養に関する装備などの準備を周到にする。

必要な携行品は左のとおりである。

自衛　　小銃、手榴弾など
方向維持　磁針、空中写真、地図など
進路の啓開　なた、小円匙など
衛生　　防蚊《ぼうぶん》手套、防蚊面および諸薬品
給養　　携帯口糧

㈢ 連絡のために六号無線機を携行する。また報告のため無線のほか旗、風船、

㈣　信号拳銃、煙、軍犬などを用い、かつ座標図を利用する。
潜入にあたっては敵の術中に陥らないため、勉めて敵の意表に出るよう進入路、進出地点を適切にすることを要する。

三六、敵情捜索実施上着意すべき事項は左のとおりである。
㈠　捜索地域内は一木一草の徴にいたるまで注意する。このため払暁、昼間、薄暮、夜間にわたり連続不断の捜索を実施する。
㈡　一正面に対しては数名を配当し、交代できるようにする。可能であれば常時二名を充当し（一名は観測手に限らない）、交代は梯次に行うとよい。
㈢　捜索にあたっては機微な徴候をも捕捉することが重要である。その一例を左にあげる。
①南方は通常無風状態にあるので、枝葉が動揺するのは敵が付近にいる徴候である。
②南方地域の住民は早朝炊事をしないので、朝炊煙が上るのは敵の徴候である。

三七、砲声のみが聞こえる目標に対しては、数個の標定所において得た音源方向をもって交会法（二点以上の既知点から未知点へ側線を引き、交点の位置を求める測量の方法）により敵火砲の概略位置を求め、これにもとづき捜索区域を縮小し、徴細な徴候の捕捉に勉めるか、あるいは空中写真による地形判断と相まって存在位置を推定する。

三八、映光（反射）が大きく眼鏡などにより方向の捕捉が困難な場合においては、各標定所において音響測遠機により得た目標までの測定距離をもって交会法を行い、敵火砲の概略位置を求める。

三九、敵砲弾による弾痕あるいは不発弾により砲種、口径などを判別するほか、射撃方向を判定し、かつ信管秒時により射距離を推定し、敵火砲の概略位置を求め得ることがある。

四〇、迫撃砲は一般に発射音が弱く、かつ陣地の遮蔽度が深いので捜索は困難であるが、弾道が彎曲し通常特異な経過音を発するのでその判定は容易で、仔細に観測するときは時として発射の円環または棒状の微煙、あるいは多数同時に射撃するために生じる煙により、これを発見できることがある。

四一、空中写真のみにより南方の特異な地形の戦術的価値を的確に判断することは困難であることが多い。ゆえに現地を踏査して写真上に現れた地形地物を現地と対照し、空中写真判読の眼識を向上することを要する。

南十字星による方位判定の要領

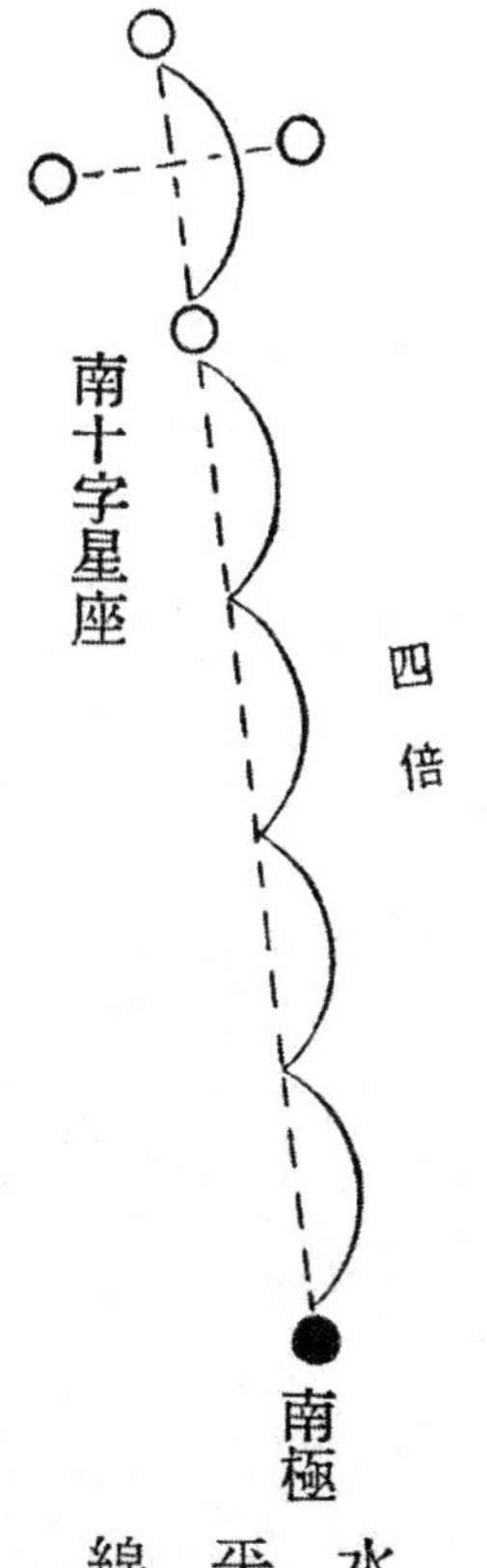

四二、南十字星による南極判定の要領は左図のようである。（注・前ページ）

四三、気象班は迫撃部隊のため特に密林における気象の特性を明らかとし、その射撃効果を最大限に発揮させる。

四四、密林における気象の特性を把握する目的をもって林相を顧慮し、密林外、密林と開豁地《かいかっち》（開けた地形）との接合部、密林内などに所要の補助気象観測所を設けることが多い。これに必要な人員および器材は所在部隊に依頼するのを通常とし、要すれば必要最小限の気象手を派遣する。また樹木上に補助気象観測所を設け、一般気象の観測を実施することが必要である。

四五、気象判断においては特に林形、樹種、樹木の密度、下叢の状態、林空、林道など林相を顧慮して微細な局地の気象予報を的確とし、弾丸の効力、ガス防護などに関する判断をすることが必要である。

第二節　測地

四六、測地は密林戦においては実施困難であるが、その必要性は極めて大きいことに鑑み、勉めてこれを実施し、決戦地区に徹底した急襲的火力を発揚しなければならない。

四七、偵察上着意すべき事項は左のとおりである。

㈠偵察のためにはあらかじめ空中写真あるいは地形図などにより綿密な計画を立案し、偵察実施を容易にする。

㈡偵察間煙、信号弾、旗などにより相互の連絡を密に行う。

㈢森林中においては抽出樹であっても観測方向により発見が困難であるので、適宜標識を行うこと。

㈣基線（測量の起点となる二点を結ぶ線）の位置は椰子林、ゴム林、海岸、林空などに求められることがある。

四八、測地実施上着意すべき事項は左のとおりである。

㈠基準点の標示にあたっては密林のため通常覘標高《てんぴょうこう》（測量の目印となる覘標の高度）を大きくし、あるいは樹上に標示するのもやむを得ない場合が多い。ゆえに特に覘視点と基準点との求心誤差を生じないよう、標示の要領を適切にする。

㈡櫓などを利用し測量する場合においては、動揺のため測量成果が低下しやすい。ゆえに測量にあたっては勉めて動揺が少ない好機を捕捉し、かつ測量回数を増加する。

㈢　導線法（二点の距離と方角を連続して求める測量法）を主体とするが、できれば大きな三角網をもって全地域を被い、次いで導線法を実施し、三角網の一点に閉塞させる。
㈣　各種の手段を併用し、点検の処置を講じる。
㈤　観測所、放列などはなるべく直接決定する。

第四章　連絡

四九、密林地帯の戦闘において指揮掌握の能否は、通信連絡の成否に係るということができる。このため指揮官は周到な連絡の計画を定め、特に有線通信の運用を適切にし、この確保にあらゆる手段を講じ、かつ電気通信以外の手段を併用することにより、連絡の確保に遺憾のないようにすることを要する。

五〇、有線通信は構成、保線および器材の補充が困難であるが、わが企図を秘匿し通信法が簡易かつ迅速で、密林地帯にあっては特に有利な通信手段である。そして密林地帯においては敵の砲爆撃によるほか、一般に友軍部隊の行動により切断されることが特に甚だしい。ゆえに各指揮官はあらゆる手段を講じ、この確保に努めることが重要である。

五一、無線通信は密林内にあっては著しく電波の通達（届く）距離を制限されるので、通信所位置の選定および施設に関し創意工夫をこらし、電波の通達を良好にすることが重要である。また敵は精巧な方向探知機あるいは音響探知機、聴音機などにより通信所位置を測定し、急襲的に砲爆撃を加えることがあるので、本部と通信所位置との関係、通信所の設備、適切な通信法の適用などにより、敵の測定を困難にするとともに、損害の減少に勉めることを要する。

五二、連絡機関はその能力に適応させ、任務を過重にしないことが特に重要である。このため適時人員および器材の現況を把握するとともに、熱地における連絡機関の能力を至当に判断し人員、器材および時間の配当はともに十分な余裕を与えることを要する。

人員は有、無線班とも内地における場合に比べて約二倍を要し、線は地形によるが所要量が著しく増大し、図上計算の約二ないし三倍を要することがある。砲爆撃による破壊を顧慮すればさらに多量の予備を必要とする。

器材不足を補うため鹵獲器材を収集利用する着意を必要とする。

五三、指揮官の移動により、連絡機関の追随は容易ではないため、その移動に先だちあらかじめ連絡施設を完成しておく着意を要する。

五四、通信所は状況の許す限り堅固に掩体を設け、かつ掩体内の防湿に勉める。山地、密林などは無線の通達距離を減少するので、無線通信所は高所、高樹上または林空、林縁などを選定できれば有利である。六号無線機を高地の後方に位置させるときは三〇ないし五〇度の遮蔽角を限界として、感度が著しく変化することがある。

五五、有線班の編成は通常下士官を長とし、特に十分な人員を配当するとともに、できれば案内者を付ける。

班の編成および任務区分の一例は左のとおりである。

警戒兵二、誘導組三、構成組五

㈠ 誘導組は方向維持および線路の清掃に任じる。

㈡ 道路に沿う場合においては警戒兵をもって誘導組を兼ねさせることがある。

㈢ 方向維持のため、磁針標示材料などを、清掃のため、なた、鎌、蕃刀などを携行する。

五六、線路構成上指揮官の着意すべき事項は左のとおりである。

㈠ 長大な線路を構成する場合においては警戒および器材、飲料水などの運搬のため所要の人員、運搬具などの増加配当を要する。

㈡ あらかじめ線路を偵察させ、所要の標示をさせる。この際通信用小径を設けることができれば有利である。

㈢ 同一方向に数個の有線班が行動するときはこれに指揮官を付け、あるいは協同させて警戒、方向の維持、清掃、線路の標示などを実施させることを可とすることがある。

㈣ 保線には通常数名を同行させ、また保線所を設け、かつ保線担任区域を命じる。

㈤ 予備観測所または放列陣地には状況の許す限りあらかじめ通信網を構成しておく。

五七、班の動作上着意すべき事項は左のとおりである。

㈠ 密林内において班は通常一団となって行動し、特に方向の維持および線路の選定に注意する。

㈡ 密林内においては喧噪に陥り、また敵の奇襲を受けやすいので、静粛に行動するとともに、警戒を厳重にする。

㈢ 人馬の通行が多い道路に沿って構成する場合においては、勉めてこれより離隔し、あるいは架設して通行者がこれを手摺として切断することなどがないようにする。

(四) 架設は砲爆撃の破片のみならず、爆風により切断されやすいので、特に十分な垂度および余長を与えることを要する。

(五) 敷設にあたり地気(地絡、アース状態)発生を防止するため特に接続部の保護などを十分に行う。

(六) 村落、草地などにおいては敵火による火災のため線を燃焼することがあるので、これを避ける方がよい。

(七) 埋設および溝設は地気発生のおそれが大きいので、絶縁が良好な線を用い、また排水に注意する。

(八) 線の標識は確実にこれを実行する。

(九) 保線においては接続点より接続点に躍進して導通点検を行い、不良の際はこの間を新たに架換することが多い。このため接続点を明瞭にしておくことを要する。一度敵の砲爆撃を受けた箇所は、要すれば他の経路を選び架換する。

(一〇) 夜間の構成は昼間に十分な準備を行い、確実な標示を実施し、構成にあたっては燐光を発する物料(朽木または夜光板)などをもって通信手の背部および線路を標示することが便利である。

五八、企図秘匿および窃聴防止のため左記諸件に着意を要する。

㈠有線

①敵前近く横方向に線路を構成する場合においては、できるだけ往復線とし、かつ地気発生を起こさないよう注意する。

②敵は直接わが線路に有線を接続して窃聴することがあるので、保線に注意し、敵の呼出などに誘致されないようにし、勉めて隠語などを使用する。

③敵の斥候、住民などに対し通信所を秘匿するため線路を迂回し、分岐点、引込部を埋線または偽装し、もしくは偽延線をなすことを有利とすることがある。

㈡無線

①敵の無線源標定を防止するため観測所より離隔し、あるいはしばしば位置の変更を要することがある。

②敵に近接する場合においては発電機の回転音の防止を要することがある。夜間において特にそうである。このため発電機を壕内に入れ、天幕などで被い、音響を防止するか、あるいは発電機を使用することなく、送信電源

に乾電池を使用する。

五九、器材は消耗が著しいので絶えずこの追送補給に勉めることが重要であり、乾電池などのほかゴムの老化、絶縁抵抗の低下、発錆による接続不良、腐蝕による断線などを生じやすく、交換を要することが多い。

第五章　射撃

六〇、密林は一般に火力の集散離合は困難であるが、地形および迫撃の特性上陣地および企図の秘匿は容易であるので、時日に余裕がある場合においては極力測地的準備を行い、連絡施設を完備すれば、所要の時機に準備した要点に対し急襲的に集中火力を指向することができる。

六一、射撃の方法は敵砲爆撃の絶対的に優勢な状況下においてはあらゆる施策を講じ、厳に企図を秘匿し、効力射準備を周到に行い、不意かつ至短時間にその効力を収めるよう実施することが重要である。そして放列陣地の遮蔽度が十分でなく、敵砲撃・迫撃・飛行機の反撃を受けるおそれが大きい場合においては、あらかじめ準備した陣地に移動することが必要である。

六二、射撃すべき時機は任務にもとづき常に戦機に投合し、効果を収めることを主眼とするが、状況が許せばわが飛行機の活動時期、あるいは敵飛行機が在空しない時期などを選定する。

六三、弾薬はその補充が至難であることに鑑み、極力これを節用し、特に重点使用に徹底することが重要である。このため上級指揮官はあらかじめ弾薬の使用に関し的確な基準を示し、かつこの実施の監督指導を適切にする。
　使用すべき弾種、信管などは射撃の目的に応じ、かつ林相などに適応させることが重要である。このためあらかじめその要度を示して携行および集積比率を明示する。

第一節　射撃指揮

六四、密林内の戦闘においてはしばしばやむを得ず中隊を分割することがある。このような場合においても中隊長は各観測所の視界を確認し、状況に応じ所望の地点に対し集中的に火力を発揮できるよう準備を整えることが必要である。

六五、指揮班長は中隊長の命令にもとづき、なるべく速やかに首線の方向を決定し、火砲の射撃設備特に射界の清掃をして、状況に適合するよう準備させることが重要である。

六六、小隊長は密林内に陣地占領を命じられた場合、左記事項に着意して指揮する。

㈠ 首線の方向に対する射向および射界を点検し、射界の清掃を監督指導する。このため初期に立樹、下枝などを払い、射撃直前に上枝を清掃するようにし、上空遮蔽に遺憾のないようにする。

㈡ 小隊間あるいは分隊間に相互の連絡のため交通路を設け、できる限り相互に通視できるようにする。

㈢ 敵前至近距離にあっては高声を厳禁し、記号などにより指揮する。

㈣ 放列付近に常に土嚢などを準備し、敵火の損害を受けた場合速やかに掩体を補修できるよう準備する。

㈤ 敵の砲爆撃などによる照準点（標定点）の消失を顧慮し、少なくとも二個以上の予備照準点を準備する。

六七、密林内においては常に砲口前の地物に注意し、射撃間の危害防止に関し特に留意することが重要である。このため射向、射角の変換に際しては特に注意を周到にし、その点検を厳しく行うことを要する。状況が急な場合において特にそうである。

六八、射撃指揮上特に訓練を要する事項は左のとおりである。
㈠不意急襲に徹底するための短切な射撃法
㈡密林内における射撃特に観測所が最前線に進出し機微な友軍超過射撃、および観放遠隔の射撃（射弾の遠近方位を観測して行う射撃）
㈢分割した部隊の適切な集中射撃
㈣小部隊の独立戦闘および至近距離の射撃並びに掩蓋内の射撃
㈤築城を利用し靭強な戦闘を継続する場合の射撃
㈥適時に予備陣地、臨機位置などに移動して行う射撃

第二節　射撃諸元の決定

六九、密林内においては左記諸方法を用いることを通常とする。
磁針法（磁針方向板による照準）、空中写真あるいは地図を利用する方法、道線法による三角法（三角関数を使った計算による照準）、天体による法など。

七〇、間隔修正量の測定は空中写真、地図を利用できれば最も便利であるが、これを持たないときは森林を啓開しつつ道線法を行い、あるいは簡易測図を行う。

第三節　射弾観測

七一、密林内における射弾観測上の着意は左のとおりである。

㈠ 射撃開始諸元をできる限り精密に求め、砲隊鏡など固定した眼鏡で弾着地点付近を小範囲に分割し、観測掛下士官に分担して観測させる。

㈡ 着発弾により試射する場合においては初発射弾の掌握は極めて困難であるから、この際地形、林相などに注意し、特に初発射弾を観測容易な他の地点より導くことを可とすることがある。

㈢ 「見えず弾」が多数生起するおそれがある場合においては、数発の急発射を有利とすることがある。また肉耳の訓練を重視し、見えず弾の判定に遺憾のないようにする着意が必要である。ただし肉耳は付近に大きな地物があるときは音波の反射により方向および距離を著しく誤ることがあるので注意する。

㈣ 爆煙は森林内に滞留するので観目距離が大きくなるにしたがい射弾観測は困難となる。しかし林相、観測位置、太陽の位置などにより着発瞬時の火光を認め得ることがある。一般に瞬発信管は短延期信管に比べて着発時の火光の観測は容易である。

㈤ やや長く観測するときは弾着点付近に微煙を認め、あるいは微少な樹枝の動揺により弾着点を観測できることが少なくない。

(六) 弾着の爆煙（火光）を認めない場合は音響測遠機を使用し、左式の要領により弾着距離を算定し、数方向の交会法観測により弾着位置を判定することができる。

M=E+X／340

X=340（M−E）

M　発射より弾着音聴取までの秒時

E　射距離に応じる経過秒時（射表）

X　弾着点までの距離

ただし三四〇メートルは温度一五度の場合の音の伝播速度（メートル／秒）

温度二五度の場合は三五〇メートルとする

(七) 試射にあたり発煙弾または火焔弾を使用すれば初弾の観測が容易であるのみならず、長く弾着点を現示し、射撃修正上有利な点が多い。この際企図の秘匿に注意する。

(八) 観測斥候を潜入させて観測できれば有利である。

(九) 熱地においては昼夜における比較的明瞭な射程の差異があることに注意を要する。

第四節　各種射撃

七二、密林地帯において試射実施上着意すべき事項は左のとおりである。
(一) 企図秘匿並びに敵砲爆撃の損害減少のため、その実施時期を効力射の時期と離隔させ、あるいは至短時間に完了するようにするなど、各種の手段を講じることが重要である。そして前者の場合においては気象の関係を考慮し、かつ敵砲兵、迫撃砲などの報復手段の困難な時期を選定する着意を必要とする。
(二) 敵に標定されないためには各種火砲の射撃に連繋し、同時に試射を行い、かつ至短時間に終るように実施することを要する。また真陣地外より試射を行う場合においては、これに使用する砲は射弾観測の許す限り勉めて小数を使用する。
(三) 地形上試射できる地域は局限されるので、射弾混淆の防止を必要とし、特に砲兵と緊密に協定し、各部隊の試射点、試射の方法、時期、順序などを統制すること。

㈣　試射を容易にするためには目標付近の地形をよく地形図、空中写真などと対照して明らかにすること。

七三、効力射における火力指向の要領は左のとおりである。

㈠　友軍第一線直前の目視し得る目標を射撃する場合においては、中隊は目標の状態に応じ、要すれば射向を所望の正面に分火（火砲毎に目標を変える）し、射距離は通常一距離をもって狙撃的に射撃する。

①中隊全砲の射向を一点に集中するとき、比較的濃密な射弾の散布地域は左のとおりである。

軽迫　幅一〇〇メートル×奥行一五〇メートル、十二迫　幅五〇メートル×奥行一〇〇メートル

②正面約二〇〇メートルの目標を射撃するには、軽迫（十二迫）は中隊の射向正面幅を約五〇（一〇〇）メートルに開くことを可とする。

③約一〇〇メートル以内の近距離にあっては、友軍最前線の直前約一五〇メートルの目標に対し射撃することができる。

友軍超過射撃にあたっては各種の手段を尽くして第一線の進出位置を確認し、友軍に危害を及ぼさないことが特に緊要である。

(二) 後方の確認困難な目標に対しては射向を若干分火し、数距離射撃(地域的射撃)によるのが適当である。

約二〇〇平方メートルの地域を火制(火力で制圧すること)するには、軽迫(十二迫)は射向正面幅を五〇(一〇〇)メートルとし、距離差五〇メートルの二距離を適当とする。

七四、敵迫撃砲(近距離にある砲兵を含む)を制圧するには勉めて多数の砲をもって火力を集中し、至短時間に急襲し、わが射撃による敵の反応に注意し、かつ制圧後これを監視し、所要に応じさらにこれを急襲する。

敵はわが射撃を被ると一時射撃を中止し、人員を退避し、あるいは陣地を移動することが多い。

確認が困難な敵迫撃砲を制圧するには特に観測斥候を敵が予測しない地点に潜入させ、側背などより捜索あるいは射弾を観測させることが有利である。対迫撃砲戦において射弾観測のため一時飛行機の協力を得られれば特に有利である。

敵はわが掩蔽した迫撃陣地に対し捜索を目的とする射撃を実施することがあるので、その術中に陥らないよう注意し、たとえ敵弾射撃中のわが放列陣地に近く落達しても、かえって射撃を活発にするなどの着意が必要である。

七五、位置を確知した近距離にある敵の本部または戦闘指令所などに対し、指揮機能の破摧を目的とする急襲射撃は特に有効である。その射撃の方法は前項に準じる。

七六、密林地帯にあってはその特性上交通網は自ら限定されるので、交通遮断射撃はよく少数射弾をもってその目的を達成し、敵の行動を拘束する効果が大きい。ゆえに交通路の要点に対しあらかじめ射撃を準備し、好機に乗じ急襲する。

七七、敵の集合点、休宿地、その他の要点に対し好機に乗じ、奇襲的に擾乱を目的とする射撃を行い、かつ執拗にこれを反復し、その戦闘意志の減耗に勉めることを有利とする場合が多い。

七八、密林内の曝露した目標に対しては瞬発信管付の弾丸を用い、掩蓋下にある目標に対しては短延期信管を使用し、破壊および殺傷を行う。瞬発信管は上方の樹枝（幹）にて炸裂し、あるいは地上にて着発する。

第六章　警戒及自衛

七九、密林内は全般を統一して行う警戒は困難で、不期の戦闘を起こしやすいので、小単位の部隊に至るまで直接警戒を厳にし、警戒および自衛戦闘の能力を付与することが重要である。
　敵の慣用戦法を熟知するのは警戒および自衛上必須の要件であるから、常にこれを研究し、各兵に至るまで徹底させることを要する。

八〇、警戒のためには捜索を周到にし、わが行動を秘匿し、関係部隊との連絡を密に行うことが必要である。
　密林内においては対地上、対空の警戒のみならず、対樹上警戒をも厳重に行うことを要する。また対ガス警戒も欠いてはいけない。
　警戒上着意すべき件は左のとおりである。

㈠　進路付近の要点、林道、主要な稜線、谷底などに着意し、敵の待伏奇襲、林空に対する火力急襲などに対しては勿論、音響探知機並びに地雷、係蹄、陥穽などに対し警戒し、勉めてこれらを破壊、排除する。

警戒のため樹上に監視兵を配置し、また時間の余裕があれば付近を清掃し、通視を良好にすることが有利となることが少なくない。

(二) 敵は樹上より小銃、自動火器などをもって不意に射撃し、あるいは樹幹に受音機を配置し、集中射撃を行うことがあるので、樹上に対する警戒を厳にすること。

(三) 対空警戒は通常視界狭小、通視不良であるから特に爆音の聴取に勉め、かつ各部隊相互の連絡により全般の警戒を周到にする。対空監視兵は樹上に配置する。

(四) ガス警戒は地上および上空に対して行う。特に敵のガス使用方式を熟知し、かつ敵のガス使用の徴候に注意を要する。

八一、自衛戦闘にあたっては積極的に敵を殲滅する。このため自衛戦闘に関し訓練を重ね、必勝の信念を堅持することが重要である。

敵機に対しては上級指揮官の規定にもとづき、本然の任務に妨げがない限り撃墜すること。ただし射撃は迫撃陣地が通常敵に絶対遮蔽していることに鑑み、陣地を曝露しないよう離隔した位置において実施するものとする。

八二、射撃はわが企図を曝露するのみならず、ややもすれば騒擾に陥りやすいので、真に必要な場合においてのみこれを行うことを可とする。段列などの後方部隊において特にそうである。

八三、自衛戦闘のため要すれば迫撃砲を平射姿勢とし、至近距離の狙撃射撃を行うことがある。

平射姿勢にあっては床板位置を掘開し、脚を外し、砲身下面に土嚢を敷き、方向の照準には垂球を、射角の付与には象限儀を用いる。

実射の一例は左のとおりである。

装薬	射角	射距離	経過時間
一包	二〇度	六〇〇m	二・五秒
二包	一〇度	七〇〇m	四秒
二包	二〇度	九〇〇m	七秒

第七章　戦闘

要則

八四、迫撃隊はあらゆる困難を克服して運動並びに火力の機動を極度に発揮し、緊要な時機、重要な目標に対し急襲的に集中火力を指向し、密に歩兵の戦闘に協同することを要する。

八五、砲爆撃を避けわが戦力の保有を図るのは戦闘遂行上必須の要件である。このため常に企図の秘匿、地形の利用、陣地の疎開に注意し、敵火の状況に応じわが行動を適切にし、特に工事を徹底的に行うなどあらゆる手段を尽くして敵火による損害の減少を図り、戦力の保有に遺憾のないようにしなければならない。

第一節　陣地攻撃

八六、迫撃隊は通常所要の歩兵聯隊に配属し、第一線大隊に協同または配属する。歩兵大隊に配属された迫撃隊は通常統一指揮の下に主として重点中隊の戦闘を支援する。

八七、攻撃準備間において確実に効果を期待でき、かつ弾数が許す場合には敵迫撃砲、砲兵の火力発揚を封殺し、あるいは陣地要点の制圧を行い、できればこれらの移動または放棄を強要するため射撃を実施する。

八八、突撃支援のための火力指向は重火器および直協砲兵をもって敵の第一線を、迫撃隊をもって主として後方の迫撃砲など支援曲射火器を射撃するよう企図するのが適当である。

状況により迫撃隊は側方および後方の重要目標を発煙弾で包蔽することを有利とする。そして如何なる場合においても歩兵の前進速度は一般に小さいことに鑑み、突撃支援射撃の時間を長くするための着意を要する。また歩兵第一線の位置確認は困難であるから、観測班を第一線に推進させ、かつ第一線歩兵の各種の標示の実施などあらゆる手段を尽くして確認に勉めることを要する。

八九、敵第一線陣地に対する突撃が成功すると、敵は突入したわが歩兵に対し火力を集中し、殲滅を図るので、迫撃隊は過早に陣地を変換することなく、主として敵砲兵特に迫撃砲を求めてこれを制圧し、歩兵の突進を容易にする。

攻撃の頓挫は敵陣内に突入後の側防火力、迫撃砲の急襲的火力、戦車の反撃などによるので、あらかじめ所要の火力準備に遺憾のないようにする。

九〇、敵陣内の攻略にあたり当初の陣地より的確な射撃が困難に至れば、迫撃隊は迅速に陣地を変換して敢然と第一線に進出し、歩兵の攻撃を支援することを要する。この際第一線に派遣している連絡者により、機を失せず目標を偵知するとともに、進路の開設、陣地の準備など所要の準備を行うことが重要である。

九一、夜間火器の威力を利用して攻撃を行う場合、迫撃隊は夜間密林戦の特性に鑑み、第一線歩兵に危害を与えないよう、所要に応じ、わが攻撃を妨害すると予想される敵なかんずく迫撃砲、砲兵などを制圧する。

第二節　防御

九二、広正面（約一〇ないし二〇キロ）を防御する歩兵聯隊に所要の迫撃隊を配属し、連隊長はこれを所要の大隊に配属する。

歩兵大隊に配属された迫撃隊の指揮官は、各隊を直轄指揮することを本則とし、通常所要の兵力を各拠点に分置し、当初全般の戦闘に任じ、次いで各拠点の戦闘に密に協同させる。時として一部の兵力を歩兵中隊に配属することがある。

九三、防御においては準備の優越と神速機敏な指揮とにより、主として主陣地直前において最大威力を発揮し、敵の攻撃を破摧する。このため迫撃隊の大部は企図を秘匿し、勉めて過早の使用を避け、戦力を貯存し、この間なるべく欺騙行動により敵火力の消耗を策す。

九四、迫撃隊の火力はその大部を主陣地直前に配置し、所要の火力を主陣地前方の要点、陣地の間隙部および内部に指向する。このためあらかじめ射撃準備、交通および連絡施設並びに予備陣地の設備を整え、運動および火力の機動を極度に発揮し、要時要点に対し急襲的に火力を集中する。

九五、わが主陣地線もしくは主な拠点を秘匿欺騙するため、少数の迫撃砲を一時偽陣地あるいは拠点の間隙部に配置し、射撃を実施させることがある。

九六、密林の特質に応じ、敵の前進を遅滞させるため少数の迫撃砲を陣地前方の要点に配置し、適時有利な目標に対し射撃する価値は大きい。ただしこの実施にあたっては敵に捕捉されないよう交通、連絡などの事前準備に遺憾のないようにすることが必要である。

九七、主陣地の戦闘にあたり、攻撃準備妨害のため効果の確実を期し得る時機にあらかじめ準備した主陣地前の要点に対し、有利な目標を捕捉し、急襲的に射撃を行うことがある。この際敵砲・飛行機の反撃を受けないよう、状況が許す限り真陣地より行うことを可とする。

九八、敵歩兵が突撃支援射撃に膚接して前進すると、迫撃隊は通常主力をもって後方の支援火器なかんずく迫撃砲を制圧し、または後方部隊を遮断する。

九九、戦車を伴う敵に対しては、通常これに跟随《こんずい》（随伴）する歩兵あるいは支援火器を制圧するが、時として戦車に対しては目潰《めつぶし》を行ってこれを混乱させ、わが攻撃を有利にすることがある。

一〇〇、陣前もしくは間隙部に侵入した敵に対し逆襲を行うときは、迫撃隊は主として敵の支援火器なかんずく迫撃砲を制圧するとともに、敵後方部隊を遮断し、または逆襲部隊の側面を攻撃する敵を阻止する。

一〇一、敵がわが拠点内に侵入したときは敵の後続部隊を遮断し、敵第一線を孤立させる。わが第一線の逆襲にあたっては機を失せず敵の支援火器なかんずく迫撃砲を求めて制圧する。

附録　山地及密林地帯における臂力搬送

一、指揮官は搬送要領、人員の交代、休憩の適切などにより持続性を大きくするよう着意する。持続性は平地において負担量が体重の約五〇パーセントのときは約三〇分、約八〇パーセントのときは約二〇分、体重とほとんど同量のときは約一〇分で、山地においては地形特に傾斜により異なるが、平地の約二分の一以下とする。

二、搬送要領には担う法と背負う法があり、担う法は人体の一部のみに重量を受け、疲労が早く持続性が少ない。背負う法は両肩並びに背および腰の一部にて重量を負担し、比較的運動が容易で持続性が大きい。ゆえに重材料もしくは長材料は担い、その他は背負う法を可とする。

三、負担要領の適否もまた持続性に大きな影響を与える。歩行に際し上体をやや前に傾け、人体の重心と材料の重心とをほぼ一致させるとき最も運動が容易で、持続性が大きい。

四、長坂路では傾斜、路面の状態、気象、負担量、搬送要領などに応じ、適時息継ぎを行い、呼吸の恢復を図ることが必要である。

息継ぎを行うには担う者は息杖《いきづえ》を垂直にして担棒を支え、背負う者は息杖をもって背負子《しょいこ》を支え、ともに肩に懸かる力を抜くことを可とする。この際背負う者は膝を屈することなく、負担物を託すことができる地形地物を利用することができれば有利である。

五、軽迫撃砲および十二糎迫撃砲の搬送区分の一例は左のとおりである。

軽迫撃砲

	固有重量	搬送具重量	重量	搬送人員	搬送要領
砲身	三五・五kg	三・六kg	三九・一kg	一	背負子により背負う
床板	四二・〇	三・六	四五・六	一	〃

脚	二七・二	三・六	三〇・八	一	〃
属品箱	二二・〇	三・六	二五・六	一	〃
弾薬箱	三四・〇	三・六	三七・六	一	〃

（二個計四発）

十二迫

	固有重量	搬送具重量	重量	搬送人員	搬送要領
砲身	八〇・〇kg	二・〇kg	八二・〇kg	二	綱で縛り担棒により二名で担う
床板	九四・五	一四・四	一〇八・九	四	担棒二本により四名で担う
脚	四五・〇	三・六	四八・六	二	綱で縛り担棒により二名で担う
連結架	三七・五	三・六	四一・一	一	背負子により背負う
属品箱	二五・〇	三・六	二八・六	一	〃
弾薬箱	四〇・〇	三・六	四三・六	一	〃

（二個計二発）

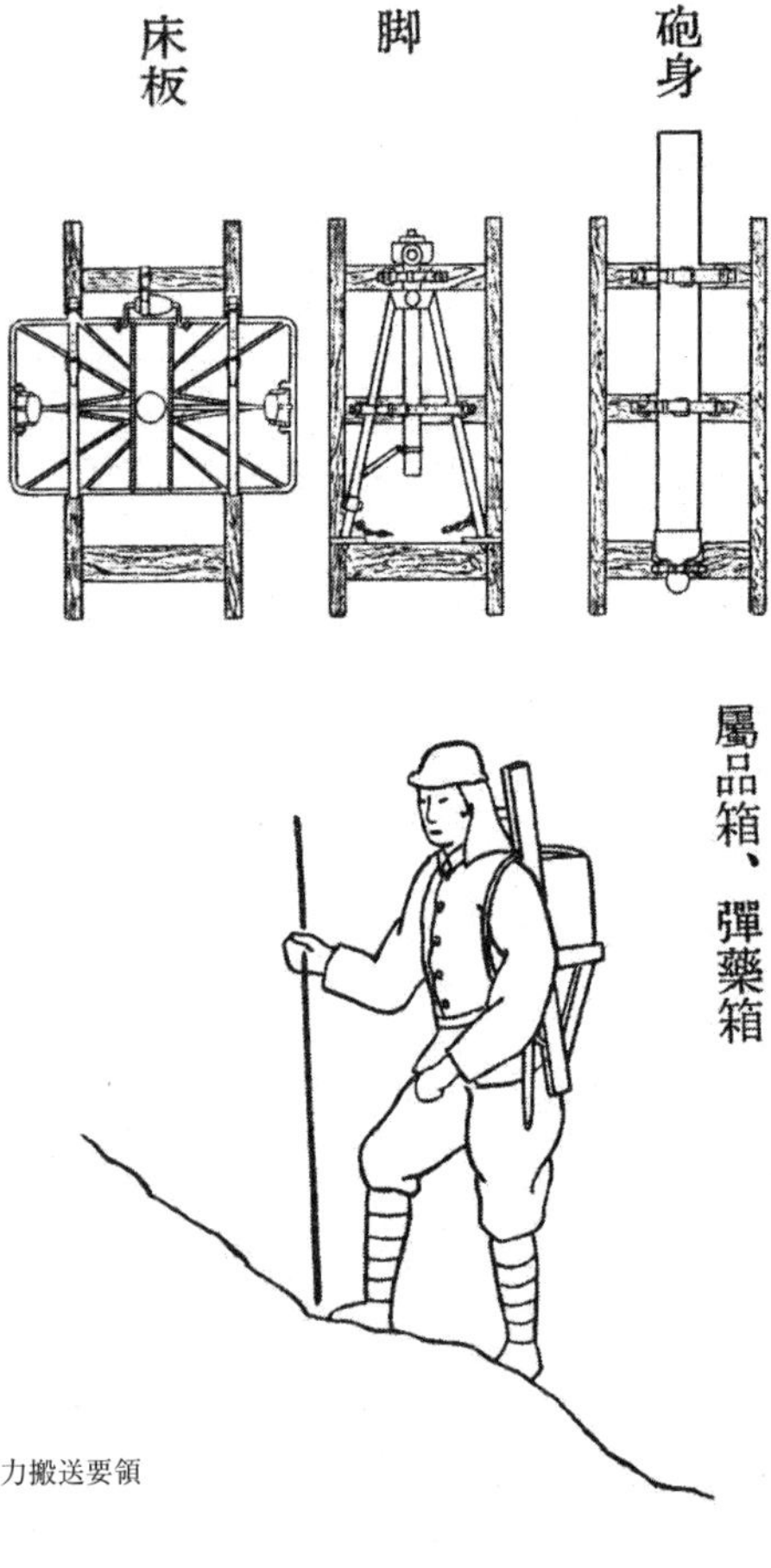

軽迫撃砲の人力搬送要領

87　密林戦ノ参考　迫撃　部外秘　昭和十九年六月　教育総監部

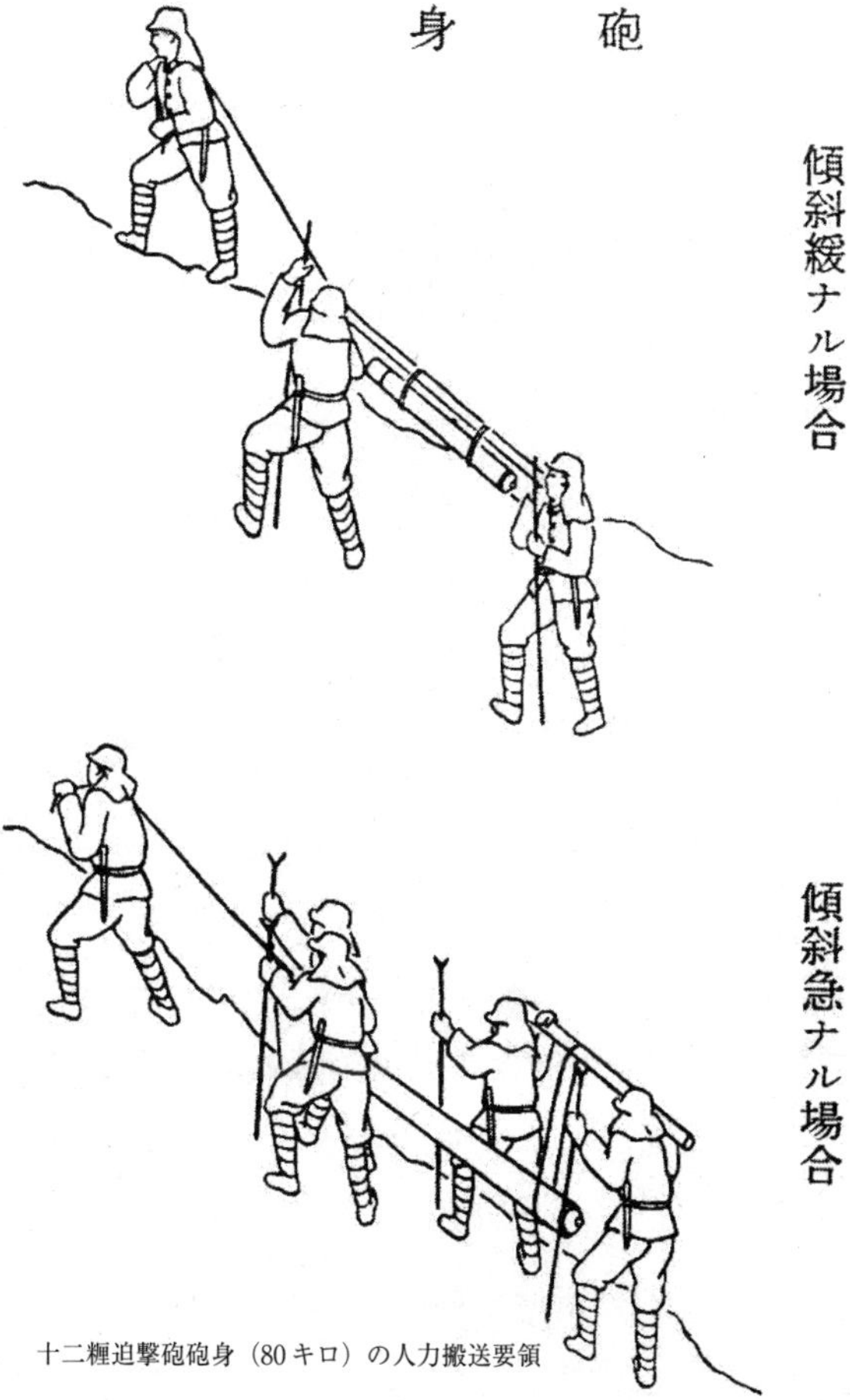

十二糎迫撃砲砲身（80キロ）の人力搬送要領

板　　床

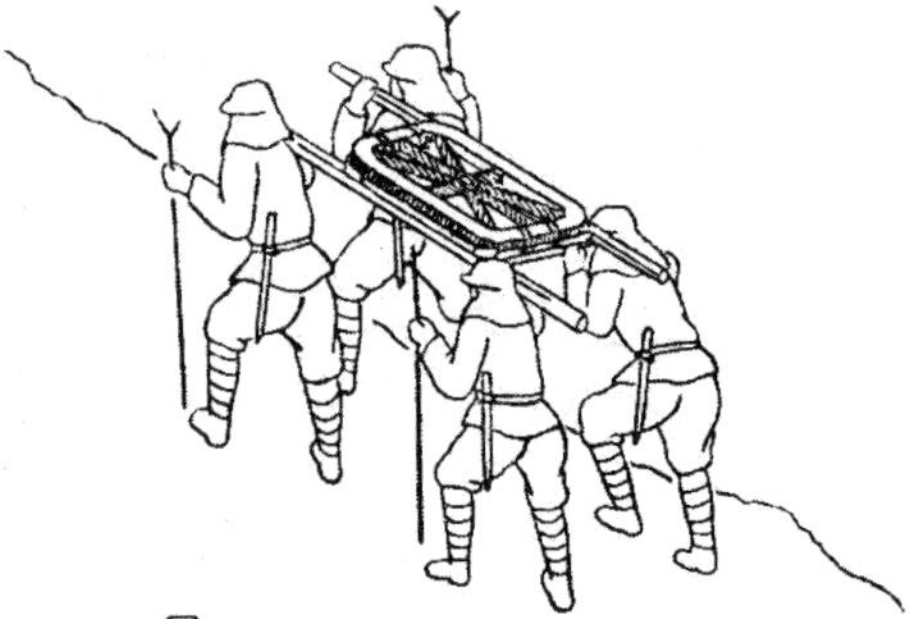

傾斜緩ニシテ路幅アル場合

傾斜急又ハ路幅ナキ場合

十二糎迫撃砲床板（94･5キロ）の人力搬送要領

89　密林戦ノ参考　迫撃　部外秘　昭和十九年六月　教育総監部

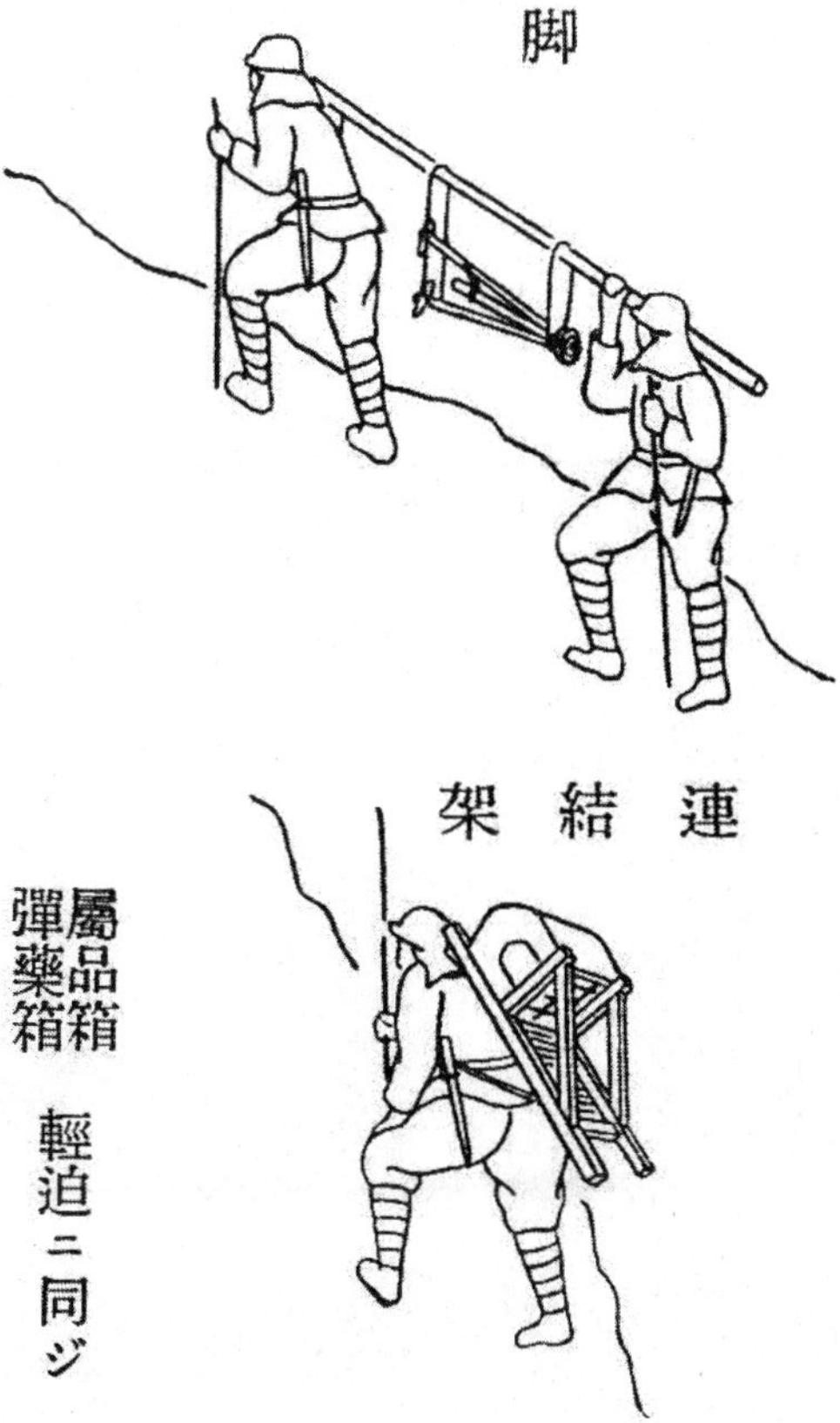

十二糎迫撃砲脚（45キロ）、連結架（37·5キロ）の人力搬送要領

上：九七式軽迫撃砲、制式制定時
下：密林内の二式十二糎迫撃砲、低射角射撃姿勢

米兵に囲まれた二式十二糎迫撃砲、大射角

六、軽迫および十二迫の搬送要領の一例を左図に示す。
その一　軽迫
その二　十二迫
砲身イ　傾斜が緩やかな場合
ロ　傾斜が急な場合
床板イ　傾斜が緩やかで路幅がある場合
ロ　傾斜が急または路幅がない場合
脚
連結架
属品箱、弾薬箱　軽迫に同じ

第一章　密林戦の参考　各兵種

密林戦「南方作戦の経験に基く教訓の一部」
昭和十七年八月　大本営陸軍部　極秘

緒言

今次南方作戦は作戦の性質、地形、気象、敵および住民の素質など対北方作戦と異なるもの多しと雖《いえど》も、近代戦的装備を有する敵に対する作戦たるに於て対支戦と自ら異なるものあり。またその教訓中戦法その他一般統帥指揮並びに教育訓練上の参考として価値大なるものあるをもって、茲《ここ》にその一端を輯録せり。ただし資料未だ整わず、

研究未だ尽さざるをもって、その完璧はこれを他日に期せんとするものなり。（この部分原文のまま）

密林戦

一、緒言

マレーおよびバターン半島方面において戦場となった密林地帯は、場所によりその形態など一様ではない。マレーにおいては機動戦における局部の密林戦闘であり、バターン半島においては密林内の組織陣地帯に対する戦闘である。

マレーにおける密林戦闘は自動車道に沿い概ね平地のゴム林およびジャングル地帯を利用し、逐次抵抗を企図する敵に対するものであり、その防御兵力は一ないし二旅団を基幹とし、縦深八ないし二七キロに及ぶ。

バターンにおける密林戦闘は道路が乏しく、起伏が険峻な地形において、高樹および矮樹《わいじゅ》（低木）が密生するジャングル地帯を利用し、約八師団の兵力を縦深横広に分散配備し、持久を企図した面の陣地に対する戦闘で、陣地正面約二五キロ、主抵抗地帯の縦深は約六キロに及ぶ。

今次密林戦においてはマレーおよびフィリピン方面ともに制空権がわれにあり、ほとんど敵機の活動はなく、また敵はわが攻撃により瓦解して退却し、ゲリラ戦にも移らなかったことから、予想する対ソ密林戦とは趣を異にするものがある。したがって今次戦闘の教訓をそのまま対ソ戦に活用することは必ずしも適切ではない。想定する密林地帯は広大な地域に樹木が密生し、人跡ほとんど未踏で土地の起伏が一様でない地域である。

二、密林戦における各兵種の任務

(一) 歩兵

密林戦における勝敗は通常歩兵により、近距離において決せられる。歩兵戦闘は大隊をもって戦闘の単位部隊とし、配属並びに協力部隊の戦力は大隊の戦闘に直接統合する。そして歩兵は諸兵種ことに砲兵、戦車、飛行機との協同が困難であるから、独力で全縦深の突破に任じることを求められる。歩兵自隊のための密林伐開は所要資材の増加により概ね自力で行うことができるが、車両部隊の前進および伐開速度増加のためには工兵の配属を要する。

(二) 戦車

戦車は地障により行動が困難で、対戦車火器の撲滅が容易ではなく、歩・砲・飛の火力支援が困難であることから、大戦車部隊の運用並びに攻撃骨幹部隊としての突破担当は困難である。そのため小部隊ずつ適良な地形を選び、分属利用されることが多い。そしてその戦闘加入の時期は敵の動揺または敗退の機に乗じ、使用目的は小部隊の穿貫的挺進による擾乱および交通要点の占領とし、常に歩・工兵の直接支援を絶対必要とする。

㈢ 砲兵

歩・戦・砲間の連絡の困難、目標の確認および射弾観測の困難、統一した測地の困難などにより、統一砲兵をもって戦機に投じる火力の集散離合を図ることは困難である。そのため山砲、榴弾砲、迫撃砲、臼砲の大部は歩兵聯（大）隊に配属し、点在目標に対する狙撃的火力により歩兵中隊の突撃支援に任じることが砲兵の任務である。

ただし第一線陣地帯に対しては砲兵の大部を統一し、鉄槌的地域射撃により、分散配備した敵に精神的大打撃を与えるとともに、できる限り防御砲兵を制圧するものとする。地域射撃にあたっては陣地のほか凹地、反対斜面など敵の待機または集結位置に対する火力指向に着意を要する。

空中観測射撃は飛行機による目標の発見並びに標定が困難であり、期待できない。バターン半島では逆に観測飛行機から砲兵に、目標の通報を要求したことがある。

野砲および加農は陣地帯内部の戦闘には活動困難である。

密林戦においては観測上榴霰弾が有効に使用される。

㈣　工兵

歩兵大隊に配属または直接協力して近接戦闘に任じ、あるいは各種交通作業に任じる。密林陣地帯攻撃における不可欠の兵種で、バターン半島においては通常第一線歩兵大隊に約半中隊を配属または協力させた。

密林地帯における工兵の任務は多岐にわたり、各種の器具、器材を必要とする。したがって自衛力が弱いので、歩兵と緊密な連携を図ることが重要である。

工兵の主力を歩兵に配属または協力させる場合であっても、器材の整備、補給、または臨機の作業に応じるため、一部の師団直轄工兵を保有する必要がある。

㈤　航空兵

第一線陣地帯に対する地域爆撃により、砲兵とともに守兵に精神的大打撃を与え、後方交通要点および機動部隊を制圧するほか、味方の包囲（迂回）

部隊に対する敵の反撃を破摧する。

陣地帯内の第一線歩兵に対する直接協力並びに敵砲兵の制圧は困難であるが、歩兵部隊の突進力発揚のため、航空戦力の協力は価値が大きい。また写真偵察は非常に有効である。

三、接敵要領

戦闘のための前進において交通路は敵の目標になるので、昼間の使用を避け、その側方に作戦路を伐開する。隊列は掌握しやすいことを主眼として部署する。

各部隊は一列側面縦隊とし、隊間距離なしとする。歩兵大隊の接敵隊形の一例を示すと、尖兵中隊は斥候を先頭として尖兵、作業小隊が続き、その後に歩兵二個中隊と機関銃主力、大隊砲、歩兵一個中隊が続く。各歩兵中隊には対空および不規戦闘のため機関銃一小隊を配属する。作業小隊は歩・工兵で編成し、二交代以上とする。尖兵中隊の作業小隊は一列歩兵用に、大隊の作業小隊は駄馬道用にジャングルを伐開する。

四、警戒部隊（前進部隊）に対する攻撃

密林地帯においては攻者の前面に現れる敵が、その警戒部隊（前進部隊）であるかどうかは明らかでないのが通常である。したがって当面の現況に応じ戦闘を指導する。敵を駆逐すれば第一線を主陣地帯の前線に近く推進して交通路を整備し捜索、観測、通信連絡の処置を講じ、爾後の攻撃を準備する。警戒部隊との戦闘に引続き、性急に主陣地帯の攻撃を行うのは適当でない。敵の警戒陣地付近は敵砲兵の標定射を被りやすいことに留意する。

五、展開

(一) 歩兵聯隊の展開

バターン半島の密林においては、概ね敵前五〇〇ないし六〇〇メートルにおいて分進し、第一線大隊に各種戦力を配属または直接協力させ、かつ展開線は敵前至近の距離において各大隊毎に選定させ、その行動準拠は攻撃開始時刻により規整した。

(二) 歩兵大隊の展開

バターン半島の密林においては、概ね敵前一〇〇ないし一五〇メートルの線において展開した。兵力配置の概要は、重機関銃は第一線中隊の前方または同線、大隊砲、連隊砲および協力火砲はその後方三〇ないし五〇メートル、軽機関銃は五〇ないし七〇メートル後方、大隊予備は五〇メートル後方として、各種火器は第一線中隊に協力する。

歩兵中隊は配属重機関銃二を有し、敵前四〇ないし五〇メートルの線に展開し、火線を構成した。

六、諸兵種の協同

(一) 諸兵種協同の主要時機は敵の第一線陣地帯に対する攻撃の際とし、爾後は突進歩兵の尖端に対する臨機の協力とする。

(二) 歩砲の協同

砲兵の主要な射撃は攻撃準備射撃および突撃支援射撃とし、目標標定および射弾観測が困難であるため地域射撃を行い、かつ射撃時機は時刻により規整するのを通常とする。

歩兵は地形とジャングルの障害とにより、ややもすれば突撃支援射撃を利用する機を失しやすいので、その終了時刻に弾力性を持たせるとともに、連絡将校または第一線推進観測所の射弾誘導が極めて重要である。

歩兵の行動ならびに第一線の位置を砲兵に的確に知らせることは極めて困難であるため、この準備を周密に行うことを要する。

戦機に投じる砲兵火力の発揚は困難であるため、歩・工兵は砲兵が火力を準備していない目標に対し自らこれを撲滅または制圧することを要する。

㈢　歩・戦・工の協同

歩・工の直接協力がないのに、敵の陣地に孤立突入する戦車が甚大な損害を被ることは、マレーのバクリおよびゲマス付近の戦闘が教えるところである。

ゆえに戦車突入の時機は敵が動揺し、あるいは敗退し、または対戦車火器の撲滅後とし、かつ常に歩兵、工兵の密接な協力支援の下に実施することが必要である。

戦車の突入により歩兵突撃の動機を作為し、またはその蹂躙による敵陣地並びに側防機能の制圧は、密林戦においては通常期待できない。

㈣　歩・飛、砲・飛の協同

歩・飛の直接協同は困難である。航空部隊の突進する歩兵に対する協力は、あらかじめ時間的、地域的に協定するところにもとづき、航空部隊独自にこれを実施するに過ぎないのが通常である。

地上部隊の布板信号は敵機の目標となることがあるので、ややもすればこれを回避する傾向があるが、万難を排しこの実施に勉めることを要する。

砲・飛の砲爆撃目標協定は各その特性に応じ律せられる。また空中観測射撃は甚だしく困難である。

㈤ 工兵と諸兵種との協同

工兵は密林戦において特に重要な兵種であることに鑑み、ややもすれば分割過度に陥ることがある。小隊以下の分割は極力これを避けることを要する。

また作業に応じる装備を整えるため自衛火器の携行不備に陥りやすいことと、作業位置が孤立することがあるので、歩兵による掩護に着意する必要がある。

㈥ 歩・砲・飛間の通信連絡

密林内においては視察および電気的通信の何れも十分を期し難いが、密林戦の特性上通信連絡の優越は大きな戦力となり、ことに歩・砲・飛の協調のため極めて重要である。ゆえに万難を排し、創意を加え、あるいは抽出樹を利用する回光通信、標旗の掲揚、発煙あるいは林空の利用、数条の有線通信網の構成、無線の活用あるいは連絡時刻および地点の規整、その他一切の手段を尽くすことを要する。

七、突進速度

密林内突進速度は状況特にジャングルの疎密と敵の抵抗度により差異がある

が、マレーおよびバターン方面における景況は左のとおりである。

㈠　伐開速度（昼間）

①マレーのゴム林を主とし、湿地付近に若干のジャングルを交えた程度の密林においては、小流通過作業を含み一時間五〇〇ないし八〇〇メートルである。

②バターン半島における通視一〇ないし五〇メートルの濃密な密林においては一時間一〇〇ないし一五〇メートルである。

㈡　攻撃速度

バターン半島における第四師団の攻撃速度は左のとおりである。ただし第三日の四月五日は正午頃より敵が退却に移ったので、突破速度とは異なる。

①歩兵大隊の展開および攻撃準備（先頭敵陣地前到達より攻撃発起まで）約四時間三〇分。

②敵第一線拠点突破（縦深一〇〇ないし一五〇メートル）約一時間三〇分。

③敵第一線陣地の後端突破（約八〇〇メートル）約三時間。

④陣地帯内追撃（若干の敵と衝突したが大部分は密林突破）四キロを一日。

八、密林内戦場包囲の規模

マレーおよびバターン半島の経験によると、歩兵聯隊の戦闘において包囲のため派遣する兵力は一大隊以下、主力進路より離隔度一ないし二キロとし、十分な給養装備を持たせるとともに、なるべく速やかにこれを派遣し、かつその行動は主力と密接な戦術的連繋をとることを要する。

九、密林内における夜間戦闘

密林内の夜間行動は月夜であっても繁茂する樹木のため星も月も全く見えず、真に雨中の闇夜と同様であり、伐開すべき樹枝も足場も全く不明であるので、ほとんど前進できないのを通常とし、かつ位置不明な敵の射撃により隊伍が混乱萎縮に陥りやすい。したがって密林内の夜間攻撃は極めて至近距離において、十分な準備を整え、ことに進路の伐開標示に遺憾のないようにし、少数精兵をもって行う局部的攻撃に限定される。

一〇、通信連絡

(一) 密林内において通信連絡は重要であるが、密林の影響により電気的通信の能力は著しく低下する。その一例は左のとおりである。

①概ね平地において所々大木があり、矮樹が密生する地帯

三号機　大きな影響はない。

五号機　電信四〇キロ、電話一〇キロ
六号機　電信五〇〇メートル、電話三〇〇メートル
②概ね平地において大木が林立し、矮樹が密生する地帯
三号機　やや影響があるが通達距離に制限されることはない。
五号機　電信二〇キロ、電話六キロ
六号機　電信三〇〇メートル、電話二〇〇メートル
③高さ五〇メートル前後の急峻な斜面に囲まれた峡谷内の密林地帯
三号機であっても相当電波の輻射（放出された電磁波）を受け、近距離であっても高地に出なければ通信を実施できない。
④マレーにおいては密林内の三号機通達距離は約三キロに過ぎなかった例がある。ゆえに空中線を高くし、あるいは接地線を延伸するなどにより、通達距離の延伸を図ることを要する。また密林内には湿気が多く、かつスコールの影響により電池などが湿潤し、通信機の機能を害するので注意を要する。

(二)

有線通信は有利であるが、その線路を交通路上に選定するときは敵砲弾並びに友軍の行動により断線しやすいので、勉めて交通路より離隔し、かつなる

べく複線とし、懸架することが重要である。

バターン半島においては概して有線の障害が多く、その約八〇パーセントは敵砲弾による故障であり、重要なときに疎通を害したことが多かった。

㈢ 密林内の交通路は部隊の行動にともない明瞭となるので、伝令の往復は大いに利用を要する。

㈣ 密林内において部隊を分派するにあたっては、あらかじめ連絡の処置を講じることを要する。これは一旦分派後の連絡は極めて困難であるからである。

㈤ マレーおよびバターン半島ともに無線通信所は直ちに敵に標定され、砲火の集中を受けたものが多い。標定の確否は不明であるが、無線通信は密林戦の重要手段であることに鑑み、あるいはその位置を若干司令部より離隔し、あるいは通信所位置に工事を施し、または砲弾の安全界において通信を実施するなど、無線連絡の確保に関し努力を要する。

通信連絡並びに方向維持の困難な例として、マレーのゲマス付近における戦闘で密林内の包囲行動に出た歩兵部隊は三日間主力と全く連絡を失い、三日目に至り密林内を一回りして一八〇度方向を誤り、出発位置に出たことがある。

一一、交通路の整備および交通統制

密林戦においては戦果拡張または追撃を顧慮し、敵陣地内の交通統制に関しあらかじめ計画することが重要である。交通整理班の配置、要点の対地対空警備、交通作業隊の配置、一方通行路上待避所の設定などを適切にし、後方交通の円滑斉整を期する。

交通路の整備は逐次その度を向上するとともに、修復などのための交通遮断は高等司令部の計画統制によることが重要である。

一二、補給

交通連絡の困難にともない補給の円滑な実施が困難になるので、

(一) 第一線部隊の装備を向上し、その補給予備の携行量を増大し、

(二) 銃砲数は弾薬補給力と銃砲の機動力とを調整してその装備数を決定し、

(三) 弾薬交付所および糧秣交付所は特に交通要点に選定し、所要に応じ輜重より直接第一線（放列）に補給し、

(四) 各隊補給機関の行動は勉めて師団輜重隊長に統制させる。

などの考慮を必要とする。

密林内に対する空中補給の実施は地上部隊位置の発見が困難であるため期

待し難い。バターン半島の木村支隊およびマレーのバッバハト付近の岡大隊に対する戦例はこれを立証するものである。

一三、教育訓練上の着意

㈠密林戦の進展は最尖端の突進力に懸かるので、指揮官以下兵に至るまで精兵主義に徹することを要する。大、中隊長の陣頭主義は部隊の掌握を確実にし、好機を機微の間に察して直ちにこれに乗じ、また敵の術中に陥らざるなどのため、極めて重要である。

㈡密林戦においては分派した兵力の掌握が困難となるため、特に指揮官の性格、技能に応じた任務を付与することが重要である。

㈢密林戦における軽機関銃、小銃の腰溜《こしだめ》射撃は有効で、敵と不意に衝突したとき、これにより受ける損害が大きいことはマレーおよびバターン半島の各所で経験した。ゆえに白兵と連繋する腰溜射撃を訓練することが必要である。

㈣突撃の訓練においては格闘以外に地物と敵火とを顧慮する突撃前進の行動並びに突入時機の看破を訓練することを要する。これは通常の攻撃における突撃と異なり、前進速度の発揮および支援火力の利用が困難であるからである。

㈤防者は交通上の要点などに対し標定射を実施することに鑑み、敵火の特性を判断するとともに、敵が標定する道路または敵に近い道路の使用を避け、所要に応じ路外を行進し、また交通要点に司令部の開設、軍隊、軍需品の集結を行うことは勉めて避ける必要がある。

㈥ 密林戦においては防者の狙撃および近接戦闘により、幹部並びに勇敢なる兵の損傷が大きく、これらの打撃により攻撃が頓挫しやすいことを考慮することを要する。

㈦ 密林戦においては欺騙、陽動の価値が大きいが、これらに使用する部隊の抽出転用はややもすれば時機を失しやすいことに注意を要する。

㈧ 訓練にあたっては密林内の通信連絡に関し具体的に演練向上を図ることが絶対必要である。

一四、防御

㈠ 防御戦闘指導の要訣

陣地帯の秘匿、分散拠点の固守並びに小部隊の遊撃出撃により、敵の突進力を消耗分散させ、孤立突進または迂回した敵に対し兵力を集結して包囲撃滅する。その戦闘指導要領は決戦および持久目的ともに概ね軌を一にし、また陣内交通網の整備は防御戦闘指導上必須の要件とする。なお準備時間に余裕があることは密林内防御成立上絶対の要件である。

㈡ 防御継続

①秘匿した面の陣地を組織し、縦深横広に単独狙撃兵または単一火器を分散配置し、短小射界の側射、斜射火力を発揚する。陣地は中隊をもって編成の基準とする。

②歩兵中隊および大隊はそれぞれ予備兵力を増加し、突進する敵の側背を機動攻撃する

③前地の警戒および捜索は遊動斥候による。警戒陣地および前進陣地は設定の目的を達し得ないからである。ただし主陣地に対する敵の攻撃を遅滞させる目的でこれらの部隊を派遣することがある。

④射界の清掃は敵の空地の視察に対しできるだけ秘匿できるようこれを不規にし、また障害物は陣地前に火力と連繫し、かつ敵の態勢を不利にするように配置する。

⑤砲兵は遮蔽した観測所を設備し、前地の攻者集結地、観測展望所、交通路などに対し火力を準備するとともに、放列は上空に対し遮蔽する。攻者の標定を避けるため、移動陣地を設備する。

⑥陣内交通路の秘匿および交通要点の確保に勉め、かつ所要の破壊を準備する。
⑦火器の煙内射撃を準備する。

㈢防御戦闘指導上の着意
①急襲され、陣地配備に就く機を失することがあるので、常に一部の守兵を全縦深に配置することを要する。
②第一線火器は特に敵指揮官および重火器の狙撃に勉める。
③大、中隊の逆襲は敵火器の正面を避け、側背より挺進火力と連繫しつつ行うことを要し、あらかじめ所要の準備を講じておくことを要する。
④敵の突進部隊に対する攻撃は、その退路を遮断し、概ね大隊以下にこれを分断して、その反撃力を奪い、放胆に四周より火力を併用しつつ、緩徐に圧縮することを要する。

長遠なる密林地帯における自動車機動作戦

一、緒言

今回マレーなどにおいて実施された密林地帯の自動車機動作戦は、敵航空機の地上戦闘への参与は少なく、また後方にゲリラ戦もなく、かつ道路状況は良好であったので、大自動車部隊としての悩みはただ交通路の破壊に対する顧慮のみであった。したがって将来戦ことに対ソ戦の様相とはその趣を異にするところが少なくないと考察するが、参考のため若干の教訓を考察する。

二、密林地帯における自動車機動作戦の特性

(一) 密林地帯における機動作戦は、マレーにおけるように道路、鉄道などに沿い長隘路戦を惹起した。しかし防者は時間の余裕を得るときは密林内外一帯の地区を陣地化し交通、射撃、障害などの施設を整備するため、ここに執拗な消耗戦を惹起するに至ることがある。ゆえに長遠な密林地帯の作戦にあたっては、作戦の進展が迅速な地区に機を失せず所要の兵力を使用して、電撃的機動戦を指導し、一挙に作戦目的の達成に勉めることを要する。したがって作戦兵団は地形特に道路の状況によっては自動車化されるのを理想とし、攻防両者は交通路の破壊およびその復旧開拓のため、技術戦を展開する。

この際神速な突進により敵の逐次抵抗の企図を粉砕するとともに、戦略(戦術)的包囲(迂回)により、敵の背後交通要点を制することを必要とする。突進力発揚のためには戦術、技術両面において縦深的準備を整え、かつ交

通路の占領ならびに復旧と戦闘にあたり、自動車に執着することなく、進んで果敢なる徒歩戦闘を遂行する着意を要する。

㈡　作戦兵力は他の一般作戦に比べて節約できるのを通常とし、密林の程度、地障の多寡、道路および林空の状況などにより差異があるが、必ずしも戦略兵団を並列する必要はない。即ち一道路上に深く一戦略兵団を楔入《けつにゅう》（打ち込む）させることにより、敵を捕捉しもしくは他正面の敵までも潰乱に導くことができる。あるいは道路の数に応じ小さい挺進部隊を楔入させ、敵主力に対する数重の退路遮断を敢行し、これを捕捉できることが少なくない。

三、作戦指導上の着意

㈠　縦深に戦力を保持し、絶えず突進力を発揚し、また戦闘指導の単位を歩兵聯隊とし、かつ歩兵大隊をもって楔入させることは密林戦と同じである。ただし交通路特に橋梁の占領、復旧のため特に工兵の甚大な活動を要するものとする。

㈡　自動車に搭乗して行う突進行動が本作戦の主体をなすのは勿論であるが、敵との衝突または地障遭遇にあたってはこれに執着することなく、将帥以下徒歩、自転車により、また歩兵は独力をもって果敢なる攻撃並びに追撃を続行することが極めて重要である。

㈢ マレーにおける密林地帯の溌溂たる機動作戦においては、交通路（特に破壊橋梁）補修のため一道路を前進する一師団に少なくとも交通工兵六中隊を必要とし、戦車団の増加配属される兵団にはさらに工兵を増加する必要が感じられた。

右工兵の主力はこれを二または三個の工兵群に分ち、縦方向における二または三個の破壊橋梁を同時に修復し得る準備をしておくことを要する。

㈣ 密林地帯の長隘路作戦において師団が戦闘を予期し、一道路を前進する際の部署の一例を左に示す。

第一梯団、第一工兵群、第一砲兵群、第二梯団、第二砲兵群、第三梯団

①各梯団とも独力で軽易な敵陣地攻略を遂行し得る諸兵種連合の編組とし、歩兵約一聯隊、砲兵約一大隊を基幹とする。ただし第一梯団は最良編組、第二梯団は概ね右に同じ、第三梯団は最も不備な編組とする。

右のうち第一梯団は敵陣地の攻略に任じるもので、第二、第三梯団は第一梯団の戦闘間それぞれ戦闘準備または休憩しているのを通常とする。

第一梯団が敵を撃破すれば直ちに敵を追撃させ、次の梯団により超越され

ると集結して第三梯団となる。このとき従来の第三梯団は編組を強化され、新たに第二梯団となるものとする。

各梯団は何れも自動貨車および自転車の混合編成とする。

②第一工兵群は交通工兵二、三個中隊よりなり、命令一下直ちに交通路補修のため挺進し得る準備にある。第二、第三工兵群は橋梁補修中と仮想する。

③第一砲兵群は長射程砲および擲射重砲の一部よりなり、第一梯団の戦闘に際し機を逸せず、これに協力し得る準備にある。

第二砲兵群は残余の師団配属重砲よりなり、所要に応じ速やかに戦闘に加入できる準備にあるものとする。

④各行李は所属部隊に合し、それぞれの梯団内にある。

㈤

密林地帯において道路に沿い前進中敵陣地に接近すれば、一般戦闘の要領に準じ、所要の火力支援の下に敵の前進諸部隊を駆逐して、その主陣地に触接し、敵情地形を偵察するとともに、諸障害を排除し、歩・戦・砲・飛など諸戦力の統合発揮を準備し、同時に企図を秘匿しつつ、一部をもって道路両側の密林地帯に潜入迂回させ、後正面突破部隊に迂回隊の側背攻撃と連携して急襲突破を敢行させることを可とする。

密林内より迂回させる兵力は密林の疎密などにより差異があるが、歩兵半大隊内外を適当とする。

(六) 敵陣地を突破すれば師団長は攻略に任じた梯団に敵を追撃させるとともに、次の梯団(第二梯団)に超越追撃の命令を下達する。

この際超越追撃の機を逸しないため、第二梯団にあらかじめ着々と準備させ、満を持して放つことを要する。

当初追撃に任じた旧第一梯団は第二梯団の超越後、逐次集結して第三梯団となり、師団戦列部隊の最後尾を続行するに至るものとする。

(七) 自動車化師団の機動間において敵の破壊橋梁に遭えば、第一梯団の配属工兵(約一中隊)は先ず速やかに徒歩兵通過のための徒橋を架設し、自動車歩兵はこれによって渡河し急進することを要する。

この間第一工兵群は挺進し、右と併行して作業を開始し、自動車通過のため応急に破壊橋梁を修復する必要があるが、挺進自転車歩兵は微力であり、往々敵の襲撃を受けるおそれがある(マレー半島ゲマス戦)ので、第一梯団の自動車搭乗部隊は、橋梁の修復完了を待つことなく、自転車兵に続行して徒歩前進し、自動車の追及後これに搭乗前進することが重要である。

橋梁の補修間砲兵および防空火器をもってその作業を掩護させることが多い。また自転車歩兵の独力前進にあたっては、飛行隊に協力させることが肝要である（マレー半島における第五師団）。

(八)一道路に沿い行う突破は敵の不意に出て突破速度を増大し、かつ一挙に後方の遠い橋梁などを占領するのでなければ敵陣地を占領し、敵歩兵を潰走させた際においても火砲、戦車などの鹵獲物は多くないのを通常とする。

数多くの進路を経て数重の退路遮断を行う際は、局部的に大きな損傷を被るおそれがなきにしもあらずだが、比較的に火砲、戦車などの鹵獲物が多い。

この際企図の秘匿と機動の迅速とは成功の二大要件である。

(九)交通統制は特に重要であり、交通整理のみに止まることなく、軍隊の部署において諸隊の行動を明確に律するとともに、所要に応じ高等司令部の交通統制班に巡邏監督させることが必要である。

(一〇)自動車挺進部隊の補給は円滑でなければならないので、特に所在物資の収集利用に勉めるとともに、戦闘間の遊休自動車を能率的に運用し、軍需品輸送に勉めることを要する。

(一一)自動車部隊は敵飛行機の有利な攻撃目標であるから、対空防御を準備するとともに、停止間は小集団毎に林空を利用し、遮蔽することを厳に履行することが重要である。

密林地帯における飛行場設定上の経験

昭和十八年十月　第五野戦飛行場設定隊

南方作戦地帯における飛行場設定の現況はその程度に大小の差はあっても、ほとんど密林と関係しないことはない。即ち、

一、密林を伐採使用しなければ所望地区に飛行場の適地がない場合

二、所望の地区に適地草原があるが、地幅狭小で密林内に拡張を要する

三、密林を利用し掩体その他附属設備を掩蔽築設するため

などがその主な場合である。

一、飛行場偵察について

完全密林地帯における飛行場偵察においては、特に空地偵察の連絡が緊密であることを要する。地上偵察者は視界を極度に制限され、全般の地形を一望の

下に収めることが不可能であり、そのために往々多大の困難を克服して作業を開始した後、主要滑走路の方向を変換しなければならないなどの徒労を招来するからである。

滑走路偵察実施上における注意事項は左のとおりである。

㈠ 密林内にサゴ椰子、葦が混生するのは多くの場合湿地であり、一見乾燥しているように見えても、降雨に際しては泥濘地となり、伐採後土砂を入れ、舗装しても地盤が薄弱で、転圧は概して困難であり、設定に長時間を要する。

㈡ 偵察者は視界狭小のため局地の小起伏（密林内には特に甚だ多い）に誤り、地形の大局を逸しやすい。しかしこのような場合は伐採後僅少の作業により修正可能である。

㈢ 反対にやや緩徐に長い等斉斜面においては、ややもすればこれを平坦地と誤認し、伐採後初めてそれが不適地であることを発見することがしばしばあるので、特にこの点に留意を要する。

㈣ 工事の難易を判定するにあたり、特に重要なのは密林の疎密の度ではなく、一定区域に包含される巨木数並びに樹種の如何に着意することにある。中径二〇センチ以下の樹木であれば、人間の潜入が不可能な密林であっても極めて容易に清掃し得るが、中径五〇センチ以上になると相当多くの労働を要するからである。また伐採用工具と樹種との関係は作業の遅速に及ぼす影響が大きいので、使用できる工具に対する顧慮を必要とする。

㈤ 密林内において特に雨天が連日にわたった直後は、地面が湿気に富み、低湿地ではないかと思わせることがしばしばある。しかし多くの場合伐採除根後天日に曝すと、植物の保湿性を消滅し、極めて良好な地面となることが多い。またかりに多少の低湿地であっても、付近の流水との比準（高度の差）が大きい（一メートル以上）場合は、僅少な排水工事により、容易に良好な滑走面を得られる。

㈥ 密林内滑走路選定に際し、内部踏査をおろそかにする時は、往々その内部において池沼、泥地などが混在し、全く使用に堪えないか、またはこのために予想外の大作業を要することがあるので、全般の地形上準線（測量の基準となる線）の大要を選定すれば、その内部を縦横に跋渉《ばっしょう》する労を避けてはならない。

㈦ この際毒蛇、刺虫などの害に対しては目盛杖を使用し、多少の注意を払って行動すれば、その被害から免れることができる。あえて過度に怖れる必要はない。当部隊熱帯作戦二年半の飛行場設定にあたり兵、人夫を問わず、まだ一名もこの種の被害者はない。

二、伐採および除根について

密林内における滑走路および誘導路の構築は、主として樹木の伐採にある。この作業の遅速は概して左に諸点によるものとする。

(一) 伐採の遅速

(二) 倒木清掃の難易

(三) 除根後の整地復旧の便否

ゆえに樹木伐採作業においては以上三点を関連して考慮することが必要である。

即ち伐採が如何に速くても、倒木排除または爾後の整地に不便多事を要するものは、必ずしも作業全般の速度を増すことはできない（ただし滑走路延線の清掃は別である）。

計画者は器材、人員その他を十分に考慮し、比較調査のうえ以上三点の調和に勉めることが重要である。これを根本として左に若干の意見を述べる。

(一) 椰子林における作業

椰子樹の大小により差異があることは勿論であるが、以下主として最も普通の地上高一メートル以上、径三〇センチ内外のものについて述べれば、その倒木の要領は生成地質の差により種々の方法がある。

①地質軟弱の場合

この場合は押倒し、引倒し式による方法が便利である。このためこれに適する機械または押出機、牽引車などをもって実施すれば極めて容易である。やむを得なければ自動貨車をもって行うこともしばしばである。この際纏《てん》絡機《らくき》（ウインチ）を有するものはことに便利である。

②この場合の清掃は根部と樹幹との二部に裁断し、牽引車または自動貨車により場外に曳き出すことは容易である。

③爾後の整地は地質軟弱なため極めて容易で、もし押出機を使用できれば頗る迅速に2つの目的を達することができる。

㈡　地質堅硬な場合（ことに珊瑚礁など）

①この場合は値張りが強靭で押倒しは困難である。もし強いてこれを実施すれば機械の破損が甚大となり、爾後の作業継続に大きな影響を及ぼす。この際最も有効であるのは斧による根部切断である。即ち椰子樹の根部は地

上一メートル内外より下部に至るにつれて次第に太くなり、鋸でこれを切断するのは大きな努力を要し不便であるのみならず、地表面と平頭に切断することはほとんど不可能であり、爾後の整地が甚だしく困難となり、また根部を掘出そうとすれば、地中挿根が太く、地質も作業を著しく困難にする。

斧をもって地面との接際点付近に切込むとき、椰子樹の中心根幹接続部は薄弱であるため、樹幹の傾きにより倒れることがあるのみならず、僅少な外力によりこれを引き倒すことができる。これに要する作業力は一人一斧で一日二ないし三本、二人が斧をとれば五、六本である。

②この清掃は牽引車を用いるときは前項の方法により、牽引車がないときは斧または鋸を全部使用し、五、六メートルに裁断（根部二メートル以下）して、苦力四ないし六名により搬出する。

③この整地は極めて容易で、抜除痕は認められず、若干の髭根を除去すればよい。

以上の方法は一見伐木に多大の労を要するようであるが、根部整理を要せず、したがって整地が極めて迅速、かつ不測の困難に遭わず、作業完成時期を確実に掌握できる利がある。
④椰子樹裁断にあたり斧鋸の使否については枯木並びに赤質樹（生木だが中味が赤い）には鋸の使用が便利で、生木特に白質樹は斧を使うのが容易である。またこの際若干数の大まさかりを使用できれば、労働時間が半減する。

三、一般密林における作業

一般密林においては先ず小雑木並びに下草を除去し、このためには鎌および鉈を使用することになっているが、現地人日常使用の蕃刀《ばんとう》は苦力のほとんどがこれを所持しているので、蕃刀を利用するのが極めて便利である。次いで行う樹木の伐採には牽引車（押上機を代用できる）を用いて引抜くほか、斧、鋸を併用する。鋸は前項椰子林の場合と同じく枯木並びに倒木の裁断に便利で、その他は斧を使う。その要領は左のとおりである。

(一)径五センチ内外の樹木はそのまま鋼索を捲着し、牽引車で引抜く。

(二)径二〇センチ以上のものは地上一メートル（これは牽引抜根する際の綱掛とする）高において斧により切断し（鋸でもよいが斧に比べてやや遅い）、倒木は適宜に裁断して牽引排除し（この際自動貨車使用も有利である）、この後鋼索または鎖を付けて牽引車により抜根する。

(三) 径五〇センチ以上の大木は根部に近く斧および鋸を交互に用いて切倒す。根部の抜除に際してはその周囲を必要程度に掘開し、大横根を斧およびまさかり、鋸をもって裁断した後根下部に鋼索を通し、牽引車で抜根する。三トン牽引車で径一メートル内外の抜根が容易であることからすれば五、六トン以上の牽引車ではその威力は大きいであろう。

このようにしても、なお抜除困難なときは掘開孔内横根間に枯草、落葉、枯枝などを装置し、一夜（小さなものは二、三時間）燻焼すると、意外に容易に引抜くことができる。コロンバンガラ島ではこの方法で径一・五ないし二メートルの榕樹（ガジュマル）に対し、五人組各三斧で、六〜八日をもって同時に二十数本を抜除した。大倒木の搬出はこれを一〇メートル内外の長さに裁断し、牽引車をもって引出すか、または苦力数人から十数人をもって丸太軌条を使って搬出した。

(四) 大木の伐採に爆薬を用いるのは莫大な量の火薬を用いるのみならず、爾後の整理に種々の困難をともない、かつ付近で作業する者がしばしば退避を要するなど、労力の空費が多いので、滑走路などの伐木では勉めてこれを避ける。

爆薬の補給が十分な場合、滑走路延線上の密林を急速に抜除する必要があるときに、稀に行うべきものである。

㈤　伐木作業においては各作業班を勉めて広範囲に非難させ、倒木による危険を防ぎ、かつ相互作業の妨害を来さないことに留意する。特に夜間作業においては月明であっても、十分な昼間の準備がない限り、危険かつ作業が極めて遅くなることは免れない。

四、密林伐採に関する企図秘匿

わが飛行場設定企図はなるべく長く秘匿することが望ましい。このための方法は概して左の二項とし、時にこれを混用するものとする。

㈠　全域にわたり逐次「うろぬき」伐採を実施し、必要となる直前に一挙に全域に残る木を伐採する。

㈡　下面作業を全部完了し、伐採に関する根部作業を十分進捗させ、必要となる直前に一挙に伐採する。

㈢　右の両者を併用する。

何れの場合を問わず、使用機械の数および機能、使用人員、時間などの関係を極めて綿密に調査して計画し、企図視察可能時限を最小限に止める着意が必要である。漫然と一端より逐次伐採するようなことは勉めて避けることを要する。

伐採除去した樹木その他で掩体並びに附属設備に利用できるものについては、あらかじめこれを所要の長さに整理し、便宜の位置に集積控置することは、爾後の作業時間を短縮するうえにおいて極めて有利である。

五、密林地帯の誘導路および掩体の構築について

密林地帯における誘導路は勉めて地形を利用し、林線林空の一端に沿って延々彎曲し、自然の林形に変化を与えないことが重要である。この際特に太陽照射面の反対側または樹枝下にこれを選定することができれば、一層有利である。掩体はこれら誘導路に適度の間隔を保ち、巨木の下面を選んでこれを構築し、上空より掩体の所在を不明にすれば有利である。

その構築位置は滑走路の関係から当然推測されるような付近を避け、予想外のところに設定することを可とする。このため出入の利便を若干犠牲にするのもやむを得ない。

掩体上面の樹枝が不足しているときは設定前下草除去の際、蔓草除去に細心の注意を払い、真に必要度のもののほかはこれを残置することに留意しなければ

ばならない。妄りに蔓草の根部を切断すると、それが懸吊する樹木上面の枯葉により、掩体位置を推知されるおそれがあるので、この点注意を要する。

森林内の掩体上面の遮蔽が十分でないとき、藤蔓または針金を適宜張り渡し、蔓草を捲き込ませれば二、三週間で容易に目的を達することができる。

一時椰子葉の挿草などにより、飛行機または掩体を偽装するのは極めて必要であるが、屡次《るじ》（しばしば）更新する労を厭えば、かえって空中よりの発見を容易にすることを忘れてはならない。

六、伐採樹木の利用について
伐採樹木は勉めてこれを活用する。その用途は左のとおりである。
(一) 掩体・溝渠・橋梁・構築用
(二) 附属設備構築用
(三) 燃料その他
燃料、建築以外に使用して最も堅牢であるのは椰子樹（赤質）である。鉄《てつ》木《ぼく》（固く重い樹木、セイロンテツボクなど）も一見堅硬そうであるが水に対し腐蝕しやすく、かつ南方名物赤蟻の被害を受けやすく、その耐久性は椰子樹に及ばない。また椰子樹は掩体（防空壕などの）掩蓋材として、爆弾に対して極めて堅固である。かつて滑走路面に舗装併列した一層の椰子樹上に米軍の平頭爆弾が命中したが、その破損はほとんどあるかないかの状態であった。

また二層に重ねた同樹掩蓋下掩体の上面に五〇キロ爆弾が命中したが、待避者の一部が軽傷を負ったに過ぎなかった。ただし飛散した爆弾の破片は常に椰子樹の立樹数本を地上高一〇メートル内外において切断した。

南方地域における作戦に関する観察（抜粋）

昭和十八年十一月　大本営陸軍部　極秘

南方作戦の本質的観察

一、南方作戦においては特に航空作戦を重視する必要がある。島嶼的作戦の特質を有する南方地域においては制空権の有無が作戦に重大な影響を及ぼすので、作戦の全局を通じ航空作戦を重視することが重要である。

二、南方作戦は調査開拓作戦である。

人文（文化・文明）稀薄、地上交通至難な南方諸地域の作戦は、彼我ともにその発起に先だち道路、橋梁などを構築して交通網を整備し、港湾を施設して輸送路の確立を図るのみならず、輸送力を軽減するため自給自足の途を講じなければならない。

即ち従来の慣例からすれば飛行場の整備、道路橋梁の構築、迅速なる揚搭（揚陸と搭載）作業の実施または農園の設定など、一見作戦行動ではないように見られる節が多いが、彼我作戦の推移はこれを要求し、その成果如何が戦勢を決する要因となることから、軍主力の努力もまたこれに傾注することはやむを得ない状況にある。

即ち軍は作戦を企図すれば先ず、その準備の主体を作戦地付近の調査に置かなければならない。しかもその調査は精密を期すことが困難で、軍隊の赴くところ調査開拓即ち作戦、開拓速度即ち作戦速度の部面が少なくない。事前の調査もまた軽視してはならない。

三、南方地域における作戦は海洋における島嶼作戦である。

諸小島嶼の攻防は勿論、ニューギニアおよびその他大きな島嶼の地上作戦はジャングル地帯を混じえる未開地において実施され、交通連絡は主として海上機動および航空によることがやむを得ない状況で、海岸要域をもって画した一島嶼と同様の特性を呈している。

四、南方作戦は補給（輸送）作戦である。

航空の発達と海洋との関係において、南方地域の地上作戦は全く後方との交通連絡の如何に左右され、未開、人跡未踏の土地であることと相まって作戦の主体は補給輸送にある。

五、南方地域における地上作戦は、概して陣地戦的傾向を帯びた沈黙作戦の継続である。

未開の地に繁茂するジャングルはわが進路を閉塞し、その間に発生するマラリアは将兵の体力気力を消磨させる。また東西数百里にわたる戦線は概ね小部隊毎に広正面に分散し、彼我ともに沈黙の裡に経過するのを常とし、時日の経過とともにジャングルに包囲されて孤立感に陥り、あるいはマラリアに犯されて疾病に斃れ、あるいは打ち寄せる海波と闘って危機に曝されるなど、ややもすれば志気の沈滞を来すおそれがある。当面する戦況が静穏であるがゆえに軽視すべきではなく、むしろ敵の準備期間として考えることを要する。

これが空地より来襲する米濠の実敵と自然の風土とを敵として対陣し、目に見えない熾烈な戦闘即ち沈黙作戦を継続している所以であり、形而上下の戦力の培養発揮に特別の注意を払い、確乎たる信念をもって戦闘を指導する必要に極めて切なるものがある。

六、敵は空地より来る実敵アングロサクソンよりも自然（マラリアを含む）である。

南方戦場における敵は米濠兵と称するよりも熱帯地における自然の克服にある。なかんずく戦力の消耗はマラリアに由来するところが最も多い。

七、マラリア対策の徹底

マラリアに起因する戦力の消耗は想像に余りあり、このため徹底的に対策を講じることが重要である。即ち消極的衛生のみに依存することなく、状況の許す限り栄養と体力消耗の調節に留意するとともに、駐留地の選定を適切にし、かつ環境の整理を断行することを要する。

マラリア対策上特に注意すべき事項を列挙すれば左のとおりである。

㈠ なるべく広く（二〇〇〇メートル以上を要する）雑草を清掃し、蚊群の発生を封殺すること。

㈡ かつて経験した敵国並びに土人（その土地の人）の居住位置選定状況を斟酌し、マングローブの発生する海岸、河川並びに湿地帯付近などは極力避けることを要する。

㈢　マラリア防止に関して系統的に研究を継続することにより、わが対策を漸進的に改善する方途を講じる。

八、戦場の実相と対策の一端

南方における作戦は、

㈠　ジャングル地帯により前後左右に錯綜分断されやすいこと。

㈡　熾烈な戦場部分は第一線にのみ局限されず、敵機の銃爆撃により広正面にわたりあること。

㈢　通信連絡機関の運用が容易でなく指揮掌握を困難にすること。

㈣　指揮官の行動が鈍重となること。

などに禍され、部隊の指揮掌握は極めて至難となり、そのために不意に敵と遭遇して各個の戦闘を惹起し、あるいは情勢未知の間戦力を発揮する機会を逸して時日を経過することが少なくない。

南東方面ジャングル地帯における砲兵戦闘の参考

昭和十八年十一月　大本営陸軍部

本資料は目下沖部隊第一線に活躍中の竹花野戦重砲兵部隊より送付された戦訓である。

目次

第一〇　装備その他
〈凡例　条文中（註）とあるのは大本営陸軍部の所見である〉

第一　緒言
南東方面ジャングル地帯において、概ね周到なる準備の余裕ある場合の動作なかんずく射撃準備事項について、主として現在までの経験を基礎とし、着眼すべき事項を述べる。

第二　砲兵戦闘に及ぼす地形の特性
一、一帯の密林は砲兵の特色である戦機に適合した指揮運用、なかんずく適時適切なる火力機動を困難にする。
二、陣地占領に特別の準備を必要とする。
三、射撃準備特に諸元決定、敵情捜索を困難にする。
四、射弾観測特に一般地上観測は特殊の場合のほかほとんど不可能で、極端な前進観測に依らなければならない。
五、車輪は機動に制限を受け、道路整備の如何は砲兵用法の基礎である。

六、企図の秘匿は容易で大いにこの利点を利用することを要する。

第三　陣地偵察および陣地選定

一、砲兵配置一般の要領は一般原則に則るが、戦場は一帯の密林である関係上、状況の変化に対応するためにはなるべく多くの予備陣地を準備しておくことが必要である。また一般に陣地は多数準備し、頻繁に車輪機動を行うことにより、敵機の攻撃に対し損害を軽減し、かつ砲兵配置の重点を不明とする着意が重要である。また密林の高さと弾道の関係上、第一線に近く陣地を占領することは一般地形に比べて困難である。

（註）車輪機動は道路の整備を前提とする。

二、放列陣地は他の状況が許す限り密林中の林空地、土人農園地域（農園空域を射界として利用し、陣地は依然密林中に選定）などを利用することが有利である。

（註）射界の清掃（弾道の通じる部分）をも必要とする。

三、観測所は特殊の山地は高地帯を除き、一般に徹底した第一線進出主義を要する。高地であっても単に樹海を遠望し得るに過ぎないからである。

状況により情報収集上（連続監視、徴候判断、第一線斥候の信号発見などのため）高地の利用を有利とすることがある。このような場合にはその高地上の密林を啓開し、所望の視界を獲得することが必要である。

四、第一線に観測所を占領する場合であっても、密林の特性上容易に利用することはできないので、最前線の各要点になるべく多くの観測斥候を派遣することにより、綜合視界を大きくすることを要する。

五、観測所の観念は一般地形の場合とその趣を異にする。即ち一観測所において所望の捜索、射撃観測、射撃効果の観察、特に適時適切な火力の集散離合を指揮することはできない。ゆえに広く移動観測所網を編成組織し、その拠点としていわゆる一般地形における観測所なるものを設けることが必要である。

六、移動観測所網の組織化はジャングル地帯の射撃を迅速に行うため極めて重要な事項であり、このため大隊は統一してなるべく多くの観測斥候を派遣し得るようにすることを可とする。防御戦闘においては比較的容易にこの実現を期すことができる。

（註）通信機関を必ず付けること。

七、陣地偵察にあたっては空中写真などを利用できれば有利であるが、できないときは実地踏査を行うことが極めて重要である。ジャングル地帯は湿地、小流などが甚だ多く、予定陣地もこのため変更せざるを得ない場合があるからである。

八、偵察実施にあたってはその地帯内に先ず縦横数線の林道を啓開し、その後偵察踏査をするのが有利である。これによりよく密林内の状況を観察し、特に方向判定、かれこれ林相の状態などを比較することができるからである。

九、密林は一面優勢な敵機の偵察に対し、陣地配置を秘匿することは比較的容易だが、一度発見されると爾後適時移動するのは困難であるから、遂に爆撃を被るに至る。ゆえになるべく多くの偽陣地を設け、かつ擬砲火などにより火力欺騙を行うことを有利とする。このため所在の林空地、土人部落などを活用することを可とする。

一〇、陣地付近の進入、進出路を上空に秘匿するためには偽装、遮蔽、轍痕の消滅などの処置を尽すとともに、偽進入路を設け、敵機の偵察に対しこれを欺騙する着意が必要である。

第四　陣地設備

一、密林中の放列陣地設備作業の主要事項は左のとおりである。

㈠　方向判定（首線の決定、放列線の決定など）

㈡　火砲掩体の構築、射界清掃
㈢　進入進出路の設備
㈣　連絡交通施設
㈤　自衛陣地施設
㈥　掩蔽、弾薬置場
㈦　偽装
㈧　厠施設、排水防水
㈨　炊事施設

二、密林中に陣地を選定すれば先ず細部の踏査を行い、特に小流、湿地などの状況をあきらかにし、次いで首線の方向を定め（磁針利用）、次いで放列線の方向、各砲車位置を決定する。この際偵察時と同じく縦横数線の林道を啓開した後、踏査することを有利とする。

三、射界清掃にあたっては所要の清掃地域を決定し、不必要な清掃を避け、なるべく上空に対し陣地を秘匿する着意を必要とする。清掃区域の決定にあたっては縦方向においては遮蔽距離の数式を逆用し、横方向においては所望の方向射界に対し（射撃準備区域に応じるよう）これを実施すればよい。例えば左のように。

(一) 密林の高さ平均二五メートル、九六式十五榴が装薬Ⅲ号にて最近距離三〇〇〇メートルまで射撃し得るためには、17a+300≒3000　a≒160ミリ　a=25／x（xは放列より清掃限界までの距離）

∴x=25／160ミリ　x=25×1000／160≒157m

即ち放列線より射向上一六〇メートルを清掃する。

(二) 密林であっても常に三〇メートル付近の木が密生しているとは限らないので、この値より小さい限界を清掃するだけでもよい。

上記のように射界清掃するには一ヘクタールを行うのに平均一五〇人時を要する。ただし大木を倒すには半日を要するものがある。

射界清掃は砲車から所望の方向射界を扇形状に拡げ、砲側付近は最小限に止め、上空秘匿に着意する。

(註) 陣地の秘匿、欺騙、偽工事などに関し、工夫する必要がある。

四、密林内の陣地であるから、照準点は各砲車に一個ずつを要する。したがって平行射向束（各砲に個別の方位角を与えず、砲列の間隔のままで射撃する射向束）は成形上特に注意を必要とし、できれば各砲車間の樹枝、蔓類などを伐採して比隣通視ができるようにすることにより、砲車基準反覘法（眼鏡から他砲の眼鏡を照準することによって射向を付与する方法）を行わせることを可とする。

五、進入進出路は別々に設けるとともに、なるべく多く設けることを有利とする。

六、以下陣地施設の主要事項について当部隊において実施している着意事項を摘記する。

㈠　射撃施設

①火砲掩体は砲床側面に木材による側壁を築くことを要する。その高さは砲床面より二メートルとする。

②砲側における砲手、弾薬の掩体は、新築城教範にもとづき改造することを要する。

③砲床は車輪下設備を施し、かつ駐鋤位置の設備（植杭、束竹など）を準備しておくことを要する。

④主陣地における両翼砲車は右（左）側方地区を射撃し得るよう、臨機移動して射撃すべき砲車位置を構築することを要する。

⑤標定点は二門（できれば四門）より同一のものを覘視し得るよう密林を啓開して特設し、かつこれに掩体を施しておくことを要する。

⑥密林中でありしかも前方に射向点検を行うべき特異物がないので、後方において二本標桿式と方向保留板を併用するなどの処置を行い、射向変換、保留諸元装定などにあたり、射向点検の資に供することを要する。

㈡障害施設

障害物は樹幹、樹枝、鹿砦、係蹄、陥穽、対戦車壕、対戦車地雷などを併用し、かつ不規則に交錯して数帯に設けることを可とする。また必ずこれに火力特に側射火力をともなわせ、双方相まって敵を障害物の線において殲滅することを要する。

備考　陣地要部と障害物との距離は少なくとも敵の擲弾距離（五〇メートル）を離隔させるものとする。

㈢交通連絡施設

①進入路は特にその出入口を上空に秘匿しなければならない。また必ずこれに監視施設を施すべし。路面はジャングルを啓開した自然面のままでよい。

②陣地連絡路に交通壕を設け、かつ標識、道標類を設けておくこと。

③小隊長間には相互連絡のため交通路を設け、できれば相互通視できるよう直線経始とする。
④交通壕には所々射撃施設の掩体（小銃用）を設備すべし。
⑤陣地内に構成する有線通信は交通壕の内部側面に留線架を設けられるようにし、それができない場所では埋線とすべし。

㈣ 自衛陣地
敵の手榴弾防御のためには掩蓋式または銃眼式を可とする。

㈤ 視察施設
①放列陣地付近における対地視察のため一般歩哨陣地のほか樹上監視所を設けることを要する。この際昇降装置を施し、かつ偽装の処置を行うことが必要である。
②対空監視のため対空射撃陣地付近に監視所を設けること。
③エルハート山（ブーゲンビル島）などにおける全般戦場監視のための陣地は特に対爆考慮の下に掩蓋監視所を設けること。

㈥ 掩蔽部
①棲息掩蔽部は防空壕を兼ね、十五榴級砲弾に対抗し得る強度に補強するこ

と。

②一般に掩蔽部、防空壕などは少人数の比較的軽易なるものをなるべく多数設けることが極めて重要である。

③掩蔽部は爆風などのため土砂によりその入口を閉塞されることがあるので、除土のため所要の土工具を準備しておくこと。

(七) 偽装

①放列陣地の偽装中偽陣地による法は別に統一設置する。

②進入路の偽装遮蔽は特に意を用いることを要する。

③砲車位置には戦闘にあたり偽装網を懸吊しているよう設備すること。

④砲車掩体、交通壕の積土は甘藷蔓を植付け、これにより偽装の目的を達し、かつ戦闘間の糧秣代用となすこと。

⑤一般に障害物歩哨陣地の偽装はなおざりにされやすいので、十分にこれを偽装し、敵がこれに不意に遭遇するようにさせることが必要である。

(八) 厠施設、排水、防水

①放列陣地内には必ず厠を特設すること。ガ島における苦い経験を忘れないこと。

②厠は掩蔽部などより離隔して設け、交通壕により連接する。
③掩蔽部、糧秣庫、弾薬庫には雨水が内部に流入漏水しないよう処置することを要する（屋根、排水溝）。
④交通壕、砲床などには水抜井戸または水溜を必ず設けること。支那事変の上海攻撃において、この点がなおざりにされ大きな困難を嘗めた。

第五　射撃準備

一、測地および射撃諸元の決定

㈠密林地帯においては所要の地点を啓開してこれに対空標示を行うか、あるいは幹線道路の要点などに標示を施して、空中写真を撮影すれば最も簡易に、かつ能率的に射撃の準備をすることができる。

㈡測地実施にあたっては三角網の拡張による方法は極度に制限され、導線法を採用すべき場合が多い。ただし南東方面の任務上戦場は泊地付近あるいは所要の海岸付近に多く選定される関係上、手段を尽くして精度向上を図ることを要する。

当部隊において実施したブーゲンビル島南部付近の測地要領は次のとおりで

ある。

①基礎測地（地上標定機使用）

②陸上戦闘のための前地測地（海岸付近は基礎測地と合致した）は、高地上の基準点を使用し、前地要点発煙し（一帯は樹海であるから地上の標示は見えない）、これを標定して決定した。

③陣地測地は要点に発煙して陣地基準点を植付け、かつ導線法を併用した。

④方向基線を設定することは莫大な労力を要し、かつ方位の誘導が困難であるので、短小な基線を設け、磁針により方位角を決定した。ただし天体同時覘視などを行えば方位誘導も不可能ではない。

⑤砲車位置観測所決定のためには陣地基準点より導線法によりこれを行い、照準点方位角決定は短小な方向基線の利用または磁針によった。

⑥以上の準備により試射した結果左の方向誤差を生じた。

遊動陣地　方向　左四密位

本陣地　　一中隊は右一七密位、一中隊は右三〇密位

ただし審査の結果磁針誤差（基礎測地における使用器材との差）一〇密位を発見し、かつ某中隊の導線法を復行した結果、この誤差もあり結局

平均右二〇密位となった。

(三) 密林内測地は導線測地を採用することが多いので、導線法の訓練特に精度向上の方法を講じつつ行う導線法を訓練することが重要である。

(四) 時間の余裕がない場合の基準射向の決定は、勢い磁針法によらなければならない。この際間隔修正量は導線法によることを可とする。

(五) 導線法による場合はなるべく土人道を利用するが、土人道が利用できない場合などは密林を啓開しつつ行うことを要する。密林中に駄馬道程度を啓開するには八人（交代者共）で一時間に概ね平均三〇〇メートルを啓開することができる。

(六) 磁針法の精度を向上するため、磁針分画測定には同一の軽地上標定機を使用し、かつ間隔修正は導線法により行う。部隊の経験によれば観測所、放列間を三〇〇〇メートル離隔して概ね一〇〜一五密位程度の誤差で決定することができる。

(七) 平行射向束成形のためには（照準点が異なるので）、導線法などによるとともに反覘法（ある光学機器から別の光学機器を照準することによって射向を付与する方法）の復行によることを可とする。放列陣地の砲車間の通視路を作れば可能である。

二、情報および射弾観測

㈠ 速やかに予想戦場の地形特に海岸付近、密林内の土人道、河川などの地形図を作成することは最も重要である。このためにも垂直空中写真の撮影が必要である。

㈡ 空中写真が無い場合は測地に連繋しつつ、所要地域の側図を実施することを要する。このため砲兵部隊のみならず歩兵、工兵なども統一して側図隊を編成し、速やかに予想戦場の地形図を作成する。

㈢ 敵情捜索のためには観測斥候網を組織し、これを果敢に敵方へ派遣することを要する。観測斥候は所要の前地測地（測板による導線法）を行いつつ敵情を捜索し、かつ射弾観測を兼ねるものとする。

㈣ 観測斥候についてはまだ実際に戦闘していないので、権威ある結果を記すことは困難だが、密林戦闘においては大いに活用すべき方法である。

㈤ 射弾観測法は徹底した前進観測法によることを要する。部隊の試射の経験によれば極めて有利に実施することができた。もっとも試射区域を若干設けたが、概ね一試射一〇分内外で終了した。左にその経験を記す。

遊動陣地、五号装薬、射程四〇〇〇メートル、所要時間五分、弾数一〇発

本陣地、二号装薬、射程七〇〇〇メートル、所要時間一〇分、弾数一三発

本陣地、四号装薬、射程四二〇〇メートル、所要時間六分、弾数五発

(六) 前進観測法によるときは密林のため最初の二、三射弾、あるいは数射弾は音のみ聞こえ、煤煙を観測することは不可能である。ゆえにこの破裂音源を活用することを要する。部隊においてはこのため前進観測所において側方に補助観測所を出すとともに、偏差交会法線図を作り、音源を測角してその大略の方向、距離の基準を得ることに勉めた。その成績は概ね実用に供し得るものと確信する。ただし破裂音源法を採用するには、弾道音を利用する着意が必要である。偏差交会法は距離測定を行わずに方向を視準することのみで目標点の位置を決める方法で、後方交会法、前方交会法、側方交会法がある。

(七) 一般に密林中においては地点指示に困難を感じるので、予想戦場密林内の要点（土人道交叉点、林空地、河川合流点、土人部落など）に所要の名称を統一して付与し、かつ地域符番号を付けるのが便利である。方眼地域に対し所

要の符号、名称を付けることができれば、便利であるとともに、その現在地点を知るため要点に標示を行うことが重要である。

三、連絡

(一) 通信は通常有線通信を使用するが、無線なかんずく五号無線は便利に使用できる。一般に無線は密林に吸収され、交信に円滑を欠くことが多い。六号無線は経験によれば疎なる密林において一〇〇〇メートル、一般密林において五〇〇メートルの通信は可能だが、これ以上の通信は不可能である。五号無線は平地密林において九〇〇〇メートルまで通信可能で、感度は概ね良好である。ただし空中線は林空地、土人農園などを利用し、電波放射効率が良好となるよう展張することを要する。

(二) 有線通信は密林中に構成し、なるべく主幹道路に沿うことを避けなければならない。対爆考慮上必要であるからである。

(三) 密林中における通信連絡に関しては、昭和十五年仏印軍研究の「叢林地帯の戦闘の参考」は有効な資料である。

(四) 密林内射弾観測は前進法（最前線まで前進して地上観測を行う）によらなければならないので、有線通信装備の如何は直ちに砲兵の運用、即ち砲兵を有効に使うか、全く無効とするかその運命を左右すると言っても過言ではない。ゆえに最小限九六式十五榴中隊程度の通信装備を全砲兵に装備することが必要である。

四、効力射準備並びに効力射に対する意見

㈠　部隊の経験によれば効力射準備は密林であっても射撃の結果による法を採用しなければならない。それは可能である。その方法は試射点区域を予想戦場の要点付近に選定、かつ若干密林を伐採した後、この点に対し諸元を決定し試射するものである。

㈡　開始諸元決定にあたっては気象修正を行い、かつ装薬温度による偏差を修正した。気象は局地的あるいは時間的にはスコールなどがあり、若干の変化があるが、一般に熱地の特性として気象状態（砲兵気象の見地から）は安定しているので（気圧七五五ミリはほとんど一定、風はほとんど無風）、一度修正しておけば極めて有利に諸元利用を行い得るものである。

㈢　一般に友軍超過射撃は落下点付近の樹高を考慮し、初発射弾は遠く導き、かつ超過射撃の要領に準じ試射することを可とする。案外容易に行い得るものである。

㈣　効力射は試射の景況より観察すると瞬発、短延期混合かつ大落角にて行うことを有効とする。若干の瞬発と混合するときは地上二〇メートル内外にて破裂し、敵に対する精神的効果が大きいからである。

㈤　一般に密林地帯の戦闘においては発煙弾を使用することが有利である。特に飛行機の協力を期待し得る場合、高地などを使用できる場合においてそうである。目標指示、射弾観測の両方において有効に利用できるものと確信する。

㈥　弾丸効力なかんずく破片による効力は一般に低下する。樹枝などに破片散布が妨げられるためであろう。したがって軽砲級は効力からみても使用価値は少なく、十五糎級迫撃砲が賞用される。弾道的性質を加味すると益々そうである。

第六　射撃指揮

一、密林内において大隊火力を統一運用するのは一般に甚だ困難であるが、決して不可能ではない。周到な準備特に通信網の整備維持を良好にし、かつ射撃の準備なかんずく測地的準備および効力射準備を適切に行うときは、概ね支障なく火力の集中、離合集散を行い得るものと確信する。

二、密林内射撃指揮における特異事項は左のとおりである。

(一)大隊火力の全部もしくは一部を大隊長自ら、あるいは某中隊長もしくは観測斥候において掌握指揮する場合が多い。それは視界が相互に遮断されるからである。

(二)大隊試射点などを有効に利用する場合が多い。

(三)諸元利用を十分に活用し、測地的準備がない場合であっても射弾測地（方向は磁針方位利用）などにより、中隊射撃結果を相互利用することにより、大隊集中火力の発揮に勉めなければならない。

三、歩砲協同戦闘については未だ戦闘が行われていないので、権威ある資料を提供できないが、例えば突撃支援、逆襲支援などは困難で、むしろ間接直協火力により、敵の後方を遮断し、もしくは迫撃陣地を制圧し、あるいは主力の迂回包囲を容易にするため、正面の敵を制圧するなど、または敵補給点の擾乱、補給点の推進妨害などに任じることが有利ではないか。

(註)砲兵はあくまで突撃支援、逆襲支援を実施できるよう工夫しなければならない。敵後方のみの射撃では易きに就くものというべきである。特に第一線歩兵が密林内において待伏、擾乱行動を行う場合において、歩兵

の行動区域と砲兵射撃地域の関係を密に協定することを要する。しかし当正面の敵（米兵）は極度に火力を恐れているので、歩兵において若干の弾丸破片を浴びる覚悟をすれば、突撃支援などにまた有効に行い得るのではないか。

四、制空権を彼我同程度に有していれば、空地連絡により有利かつ適切に射撃指揮を為し得る。特に目標指示、射弾観測、効果観測においてそうである。

五、夜間射撃は制空権がない場合は徒に敵機にわが砲兵陣地の所在を偵知させるに過ぎない。ゆえにこれを乱用するのは不適当である。むしろ夜暗を利用し陣地変換を行うなど、機動その他の準備に利用することを可とする。

第七　機動、陣地変換

一、密林内における機動はその行動に制限を受ける。特に制空権を敵手に委ねた時期においてそうである。ゆえに機動のためには準備なかんずく偵察、密林内前進路の開設、地障の征服など手段を尽くして準備を周到にし、かつ機動実施にあたっては自力で作業隊を編成し、万難を排して所望の地点に機動することを要する。

二、密林内道路開設、特に長距離の開設のためには一小隊（約四〇名）の作業隊で駄馬道一時間平均四〇〇メートル、自動車道は一時間一五〇～二〇〇メートルの速度で啓開することができる。ただし自動車道開設のためには一〇〇名前後を要し、かつ路面は自然面のままとする。したがって無限軌道牽引車にのみ使用することができ、かつ数回の使用により破壊されるのを通常とする。

三、密林中に開設した幹線道路上の橋梁は、空爆のため当然破壊されるので、徒渉場および迂回路をあらかじめ構築準備しておくことを要する。

四、機動実施にあたっては対爆考慮上、隊間距離を大きくし（車両間隔五〇〇メートル）かつ偽装を十分にし、指揮掌握、交通整理を確実にして、機動を迅速円滑にすることを要する。

五、砲兵配置を不明とし、かつ砲兵の生命を長くするには主予備陣地間の車輪機動を活発にし、敵機の偵察を困難にし、かつ敵機の対地攻撃を無効にするよう勉めなければならない。

第八　弾薬の整備

一、熱地と密林、これに加えて多雨のときは弾薬の保存整備に一段の留意を必要とし、点検、手入、特に装薬の乾燥を必要とする。
二、弾薬整備のためには屋根付弾薬庫を構築し、かつその庫内に砂を撒き、通風を良好にすることが重要である。
三、弾薬の整備は補給諸廠に任せることなく、なるべく速やかに自隊の手にこれを受領し、自力をもって計画的に手入整備することが特に重要である。
四、対爆考慮上から地下弾薬庫が望ましいが、一面防湿上これを許さないので、地上弾薬庫と側面に掩体を設備し、破片爆風に対しこれを掩護することを可とする。陣内弾薬置場（砲側弾薬を除く）もまた同様とする。
五、弾薬庫、弾薬置場などは強度の大きいものを少数設けるより、強度の小さいものを多数分散配置する着意が重要である。

第九　教育訓練
最近における部隊教育訓練の要目は次のとおりである。
主要訓練要目表（九月）
本部機関（聯隊指揮班も含む）
幹部及綜合訓練　一、密林内に大隊火力を集中する射撃準備

兵訓練
二、観測斥候の動作、特に敵情捜索および射弾観測要領
一、密林中の有線構成と保線法
二、導線法による測地動作
三、対空行動

各中隊
幹部及綜合訓練
一、密林中の遠隔指揮における諸元決定法
二、蔭蔽地における中隊射撃教練（前進）観測法
兵訓練
一、射撃操作の向上
二、磁針法・導線法平行量決定の訓練
三、対空行動

聯（大）隊・段列
幹部及綜合訓練
一、密林内の狭小な道路における臂力による弾薬補充
二、蔭蔽地の自衛、警戒、対空戦闘要領
兵訓練
一、捜索警戒法
二、対空行動

備考　方向維持法、密林内伝令訓練、肉迫戦闘（狙撃を含む）などは点呼時の前

後、その他の機会を求めて訓練を持続するものとする。
九月中旬訓練週間直後並びに九月下旬実弾射撃演習時に査閲。

第一〇　装備その他
一、一般事項
(一)　密林啓開資材の増加を必要とする。
(二)　各種防湿装備を必要とする。
①糧秣　携帯口糧
②弾薬　信管防錆装置、薬筒保護装置、弾丸保護装置
③化学戦資材　晒粉収納缶、防毒面吸収缶（外部より装脱できるもの）
④日用品　燐寸
(三)　密林内方向維持器（羅針付方向維持器）を必要とする。
(四)　密林内警戒のため眼鏡付防蚊面のようなものを必要とする。
二、弾薬
(一)　薬筒について
①現在十五榴薬筒の防湿覆は吸湿性があるので、薬莢蓋のような防湿覆に改

善する。

②薬筒爆管面の当て紙にボール紙を使用しているが、吸湿性が大きいので改善の要あり。

③薬筒箱の大きさは取扱いやすくするため、一〇発入りを六発入りに統一する。

(二)　十五榴弾について左のとおり改善すること。

①多雨保管不良のため素箱が腐蝕することが多いので、二働信管のような瞬発・短延期両用の信管を全弾に一個ずつ収入する。

②一時野積（露天）とすることが多いので、素箱には偽装のため緑色塗装を施す。

三、密林内特別観測装備を必要とする。

例えば「引伸ばし式観測梯」

四、弾丸中発煙弾を軽易に使用できるよう装備する。ジャングル戦に発煙弾は不可欠である。

五、発煙剤信号弾などの信号装備をすれば有利である。

六、簡易な音源標定器材を工夫し、敵砲兵の捜索、自己射弾の掌握などに利用する。

制空権がない場合特に必要である。

七、自動車、車両類について

(一) 自動車

①塗料は緑色を可とする。
②対空警戒のため天蓋を設ける。
③緩衝器（シコック、エリネーター）の装備を要する。
④信号灯の装備を要する。
⑤前照灯覆は藍色または赤色ガラスを可とする。
⑥九四式自動貨車の架匡をさらに大きくする。
⑦最低地上高を少し高上する。

(二) 牽引車

九八式六トン牽引車には補助始動装置を要する。これは蓄電池の充電が円滑でないからである。

(三) その他

排気利用炊爨装置の装備を可とする。

八、戦車地雷は二〇個入りとし、信管は別梱とする。信管のうち一〇個に防湿装を

ガダルカナルで押収された九六式十五糎榴弾砲

施す。

密林戦に関する戦訓

昭和十九年一月　第八艦隊司令部　軍事極秘

本資料は昭和十八年十一月十二日ブーゲンビル島における第六師団、タロキナ島における第六師団、タロキナ攻撃およびチョイセル島方面海軍部隊の交戦などにより得た戦訓を基礎として記述したものである。将来の訓練および戦闘に際してよい参考資料と認める。

一、密林中の戦闘法

一、昼間の密林戦は視界が狭小な場合の戦闘法即ち薄暮、黎明戦に準じて計画、準備、訓練することを要する。特にわが軍の兵力および企図の秘匿、通信連絡の確保、音響の静粛などに留意すれば、牽制陽動、奇襲および白兵戦を有利に実施することができる。

二、夜間の密林戦においても前項どおりで、密林深い地においては月夜を除き、暗夜は接敵行動のほか対敵戦闘はほとんど不可能である。

三、敵と相対し戦闘する正面は一個中隊程度までなので、寡勢のわが軍にとっては有利である。また局部的勝敗が全般に波及することは比較的少ないので、各地区毎に装備を完全にし、力闘すれば広大な敵に対し奥深く楔を打込み、その急所を突くことができる。

四、敵の補給路、交通通信網の遮断のため迂回部隊、挺身隊、隠密謀略隊などを派遣することを有利とする。

五、行動開始後の捜索、偵察の不十分、斥候の派遣の困難性と通信連絡不良、かつ指揮官自ら敵情の全貌を見ることができないので、敵情判断、決心処置に苦心が大きく、また適切を欠くことがあるので、事前の準備研究は周到に行うことを要する。計画どおり敢然決行することを有利とする場合が多い。

六、通信連絡は近距離の視覚による場合が多く、手先信号および手旗、懐中電灯などの携行物件による簡単な信号法しかできないので、この操法を研究工夫することを要する。

七、運動不活発、方向維持困難であるため携帯羅針儀を携行し、この読取法および太陽、月、星などの天体、雲の流れ、河川の流れる方向などに注意を払い、方向判断に資することを要する。

八、密林中では自体孤立となり、また補給が断絶する場合が少なくないので、糧食などの携行は勿論、困苦欠乏に堪え、後方との連絡を確保することに努めなければならない。糧食が尽き、自滅のほかにないことを予期したときは、隊長は飢餓により体力が減退する前に、全力を挙げて断然敵中に突入し、糧食を敵より獲得し、さらに交戦を続行することを要する。

九、密林戦においてわが軍が勝つ方策は、方向の維持と徹底的匍匐《ほふく》にあると断言する。各隊長が自己の部隊を所望の方向に進撃させ、かつ敵陣地の五メートル前まで粘り強く匍匐することができれば、必勝することは疑いない。敵前三〇メートル、五〇メートルで突撃に移行するのは徒に損耗するのみである。

一〇、密林戦における敵のマイク地帯（敵陣地の前面三〇メートルより約五、六〇メートル間）の通過は、われの最も苦心するところで、昼間降雨時を選定し近接することが最良の方策である。密林中の雨は雨雫の燥音のためマイクを妨害し、飛行機の銃爆撃はなく、敵の警戒は疎かであるから、わが進撃の好機である。桶狭間の戦法を採用することを要する。

一一、突撃移転の時機は夜間各隊を突撃準備位置に配備し、黎明時に行うことを最良とする。夜の明け渡る前敵陣に突入することを可とする。

一二、密林中の後方連絡および小隊より中隊への連絡には、道標として蔓かづらを張るか、または木の幹地上三尺付近を削るなどの目印が必要で、また中隊長、小隊長、迫撃砲、機銃、山砲などの間には陸用有線電話を施設することが必要である。

一三、現地における敵飛行場の攻撃および密林戦であっても空中写真を撮影し、これを十分判読するのは敵情を知る唯一の方策である。

一四、防御の立場となる場合、敵は重砲、軽砲の火力、航空機による銃爆撃を集中し、前面を清掃しつつ進撃する。したがってわれは敵の後方遮断、補給路の杜絶を企図し、敵を孤立させることを要する。特に敵は割合に糧食の携行が少なく、軽装で進むことが多いので、後方遮断により敵を捕虜とし、あるいは殲滅することができる。

一五、攻防何れの場合も敵の迫撃砲陣地は偵知撲滅することを要する。したがって第一線部隊は敵を欺瞞し、敵の迫撃砲射撃を誘引し、その所在を曝露させ、これを目標として奇襲撲滅を期すことを要する。

一六、防御において迫撃砲、擲弾筒、速射砲、連隊砲、山砲、大隊砲、火焔放射器、地雷および爆発物などを陣地に施設するとともに、敵はわが火器および工事に対して極めて慎重で、この破壊を先決とするので、多数の偽陣地、偽砲、偽地雷、偽水雷、偽障害物、偽灯火、偽発煙などを施設し、適時適切に隠顕・発煙・発火することが必要である。

なお、必要性は十分承知しつつこれを実行することを億劫がり、どのような名案も一片の反古にして敵の爆弾を誘致する策はないであろう。また少し工夫した欺瞞策に敵が引っ掛かることがしばしばある。

一七、防御陣地は敵の進撃方向を判断して構築することが重要で、かつ敵砲火により密林を清野化された場合を基礎として防御計画を定め、陣地工事を施すことを要する。

一八、わが陣地における人員、兵器弾薬、糧食などは極力掩体、防空壕などを利用し、努めて分散配備、分散格納を行い、無益な損耗を避けることは密林中においても同様である。

一九、密林中近接して手榴弾を投擲することは効果が大きいが、手投は困難であるので、擲弾筒を有利とする。ただし擲弾筒は携行困難な点もあるので、小銃銃口に仮装擲弾器を装備し、発射するのは良法である。

二、密林戦に現れた敵軍の特質

一、敵の陸戦に協力する部隊の空地および陸海空協同連絡は無線通信および砲爆の実施により連絡している。例えば砲爆撃と歩兵が同時に同目標に進撃し、飛行機が頭上高く二回旋回する時、または観測気球を上げると重砲、迫撃砲が射撃を開始し、また海上の駆逐艦も同様の標示に対し砲撃し、その精度は良好である。

二、敵は旧土人道路を利用するが、道路の造成は極めて速やかで、航空機の掩護下に自動車道路を急設しつつ補給を行う。したがって補給量はわれに比べて段違いになるが、補給路が多いのを見て兵力の移動も多いと怖れることはない。むしろ資材、生活物資が多いようである。

三、歩兵と戦車との協同は偽装した戦車の前方に数名の斥候が先行し、自動短銃を乱射しながら進む。戦車は鉄板を敷きながら進行し、戦車の後方に小部隊をともなう。したがって進行速度は遅い。

四、敵は陣地を露出し、わが攻撃を誘引する。われ進撃すれば口笛、小笛などを鳴らしつつ後退し、敵陣に突入すれば迫撃砲などにより急襲し、思わぬ損害を蒙ることがある。

五、重砲、山砲および迫撃砲などの射撃は、一度射撃を開始すれば同一諸元で迫撃砲は数十発、重砲、山砲などは数百発を連続発射した後、射向、射程を変換することが多い。

六、敵迫撃砲の危害範囲は横幅七〇メートル、縦深五〇メートル程度で、第一弾に煙弾を発射し、その煙を目標として迫撃弾を撃込むことが多いので、前後または左右に避退することができる。迫撃砲弾着点は普通の土で径七〇センチ、深さ三〇ないし四〇センチ程度であるから、掩体壕（径約一〇センチの横木を並べ、土塊四〇センチを置く）で十分防護できる。

七、敵の地雷は道路両側に設置され、埋設痕跡により発見しやすい。危害半径約五～八メートルのものが多い。

八、敵も手榴弾を使用する。また地雷式装備としてこれの安全針を抜き、小針金線に結んで地面に張り、わが足を狙う。その手榴弾に使用済みの安全カミソリの刃などが発見されている。

九、密林中にマイクを仕掛けてわが進撃を偵知し、攻撃を指向することはしばしば述べられたとおりで、この捜索法、着眼点、切断破壊要領、欺瞞策、マイク受音防止などはさらに研究を要する。マイクの発見は極めて困難である。マイク線は七、八尺の高さまたは地面に展張されているので、マイク捜索斥候は斜行進しつつ、発見に努めることを要する。

一〇、敵飛行場周辺および陣地付近に鉄條網を構築してあるのは勿論で、陣地前面三〇メートル前後は射界を清掃してある。

一一、敵は夜間に進撃することはほとんどなく、極めて静かでかつ夜間の警戒は粗漏である。

一二、タロキナ第一線における各種砲の射撃はガダルカナル島における約三ないし四倍の発射弾数である。ただし砲爆撃の被害は密林では少なく、かつ敵は威嚇の目的で爆音が大きい砲弾を用いることがある。

一三、敵斥候は軍犬を使用する。

①雨が多いため革製を避け、ズック製が多い。

②服は煙管服（つなぎ）のようなものがある。

③雨衣は天幕兼用で、六尺四方の中央に穴があり、頭を出して頭巾を被る。ゴム引きで表は草色模様、裏は褐色模様の偽装をしている。

④リュックサックを背負うが、重量物は概ね腰に持たせる。腰帯に銃剣、水

筒、円匙、蕃刀、拳銃などを吊るしている。

⑤ガスマスクを有するので、使う準備をしていると思われる。

⑥わが方の服を着用して潜入する者がある。

⑦糧食はほとんど缶詰、乾麺麭、ビスケット類が多く、コーヒーを必ず沸かしている。

三、密林中の接敵行動

一、隊形は敵との距離により変換を要するが、火器を先頭または中央列に配置し、指揮官は前方に位置する。不意に敵と遭遇する顧慮があるときは、先頭の小隊（分隊）は前方を指向し、後列の小隊は左右側方を指向することを要する。

二、服装は軽装を可とするが糧食、円匙、蕃刀（必携）など必要物件があるので、相当重装備となるが、銃剣などの音響防止、草葉などによる偽装を心掛ければ一〇メートル付近の距離でも隠れることができる。また敵の服装を奪い、逆用する奇知も必要である。

三、姿勢は敵との距離および警戒の程度による。五〇〇メートル付近までは歩行可能であるが、爾後は徹底的に匍匐前進でなければならない。

四、敵の自動銃などの弾着中心は割合に高く、迫撃砲に対しても伏している方が被害を減少できるので、匍匐前進を適当とする。特に中隊長、小隊長は指揮上高い姿勢を執りやすいが、今次作戦中にも中、小隊長級の戦死傷が多いことに留意を要する。

五、密林中は大木の陰を利用しつつ前進することを可とする。芭蕉、麻などの下は葉先が揺れるので留意を要する。

六、行進方向と方向維持には終始留意しなければならない。進攻をあらゆる障害を越えて一直線とするか、小路を探して大体の方向に進むかは、敵との距離など障害の難易により決定するが、遮二無二《しゃにむに》直進する場合もある。夜間各列兵間には現地夜光木を後頭部または背中に附けて追随容易にする。

七、匍匐前進の前進速度は一時間に約一〇〇ないし二〇〇メートルである。

八、進撃は尺取虫的進撃を最良とする。一〇〇メートルないし二〇〇メートル進む毎に各小隊、分隊は線を正し、連絡を確保しつつ前進する。

九、留意事項

㈠　斥候を一度側方に派遣すると、この帰還は極めて困難で、普通の斥候のように簡単には目的を達成できない。進路位置、集結点、行動範囲を明示し、任務は限定縮小することが重要で、斥候派遣距離は側方二〇〇メートル以内を適当とする。

㈡　小径を一列側面縦隊で不用意に敵に接近し、近距離より敵の急襲射撃を蒙り、一時に多数の損害を生じ、狼狽して攻撃続行の気力を失い、敵と離脱することはあってはならない。

㈢　匍匐前進後、敵前至近距離においてさらに攻撃準備を補足した後、一挙に敵陣地に突入する。

四、湿地帯の行動

一、泥濘が膝関節上部を没する湿地においては、歩行用としてスキー用ストックを杖とし、靴底かんじき（藤製、径四〇センチ、三〇センチの楕円形に荒く編む）を使用する。

二、重量物運搬には現地木製の橇を利用する。

三、部隊の行進には簀子《すのこ》（径三センチ、長さ一・二メートルほどの草葉、木、竹で編み、一巻三メートルとする）を敷く。この際道標として片側に材木を打ち込むことを可とする。

四、胸まで没する湿地帯の渡渉法は折畳舟、ゴム浮舟あるいはカヌーなどの利用について研究を要する。

五、教育訓練

一、内地における密林戦の演習教育は、森林にて黎明、薄暮時に演練するのを適当とする。

二、現地密林地帯では作戦の余暇、または後方にて極力戦場教育を実施し、兵に慣れさせることが最も大切である。

三、密林中では敵情判断、指揮掌握、通信連絡が不如意であるから、兵よりも各隊長、特に中隊長、小隊長の教育、演練、事前研究が極めて重要である。近来経験の少ない隊長が配置される現状において特に必要である。

四、堅固な敵陣地突破法、障害物突破法、白兵突撃訓練も重要で、設営隊工員などの訓練も急務である。

五、密林戦においては迫撃砲、擲弾筒の使用機会が多いが機銃、速射砲、大隊砲、山砲などの使用は仰角並びに視界の関係上甚だ難しいので、敵歩兵の射撃、敵陣地攻撃法および突撃部隊との協同法を内地森林において演練することを要する。

六、敵上陸に際し、機を失せず敵上陸点付近に舟艇機動により逆上陸を実施し、密林背後戦を展開する効果は極めて大きいので、その実施演練を要する。

七、匍匐はなかなか苦しいものであるが、徹底的演練を要する。したがって演習経過が早くなるのは慎まなければならない。

八、わが軍も折角優良な火器を有しながら活用は極めて貧弱である。徒に突撃のみで勝とうとする思想を改め、先ず火器を活用し、しかる後最後の突撃に移る訓練を要する。

密林内行動の参考

昭和十九年三月　大本営陸軍部

本資料は印度軍附一情報主任将校がその諜報要員に対し印緬（ビルマ・インド）国境方面の密林内の行動について講述せしを要約したるものなるも現戦局に鑑み参考となるべき事項尠《すくな》からざるを以て不取敢《とりあえず》印刷配付することとせり。（この部分原文のまま）

内容

第一　計画及準備

一、計画は綿密周到を要する。このため既得の情報にもとづき経路、時間、明暗の度（月齢）などを考慮し、如何にして任務を達成すべきかに関し、事前に計画を樹立することが重要である。

二、諸準備は総て一表とし、粗漏のないことを要する。印緬地方における準備中特に留意すべき事項は次のとおりである。

(一)　給養

一日の食事は二度とする習慣をつけることを要する。このため昼食は廃止する。

①米、乾燥豆、ダル（挽き割りの豆）、メリケン粉、乾燥野菜、果物、乾燥菓子など自己に適当なものを選定する。

②現地において調弁容易な食料につき事前に研究することが必要である。またトウンギヤは常に利用できる価値がある。（註）トウンギヤとは印緬地方において密林を伐採焼却した一時的小開墾地で、暫時放棄されていた土地に南瓜、豆、瓜、ジャングルトマトおよび甘藷などが自然に発芽し、比較的容易に物資を取得できる。

③釣糸、ナイフなどを携行する着意を必要とする。

(二)　衛生

①携行薬品として小携帯用繃帯、ヨードチンキ、および消毒用過マンガン酸カリを携行する。

②防蚊、防虫用として軽量緑色の蚊帳を必要とする。その形状は矩形または

天幕形が最適である。

③印緬地方であっても寒夜に対する防寒用として毛布を携行する必要がある。毛布を頭から被り就寝すれば保温上有利である。（註）印緬地方においても十二月から三月の間は毛布を必要とする。

㈢　服装

①履物は着脱および乾燥容易で軽量なゴム製運動靴を用いる。

②衣服にはポケットを多数設け、携行品の大部分をこれに収納して重量を身体の全部に分散することに着意する。帽子には泥を付けておく。

③服装はすべて葉緑色の染料に浸した後、さらに茶および黒の斑点を施し、偽装に留意する。

④糧食およびその他の雑物は背負袋に収納する。

㈣　携行品

小型夜光磁石、小型懐中電灯、燐寸、ライターなど

第二　密林中の行動要領

その一　方位の判定

方位の判定は左の要領による。

一、太陽の影に注意し、これを利用する。

二、顕著な目標、河流の方向、季節風の方向などを利用する。

三、夜間は星および月などを利用する。ただし夜間星座の識別困難な場合は、樹枝を通じて適宜の星を照準し、この星の動向を測定して方位を判定する。星は常に東より西に動くもので、月が中天高い場合方位測定上最も困難である。

四、磁石を利用する。ただし磁石に捉われ、しばしばこれを見ることにより行動の迅速性を欠くことは戒めること。

その二　休止及給養

一、行動時間と休止時間はあらかじめ計画しておくことを要する。

二、夜間の就寝のためには小径、動物の通路、水渓、または山背などは避ける方がよい。これらは通常夜間における密林の大道で、往々虎の襲撃を受ける危険がある。したがってこれらの通径を離れ、丘腹の深い繁みを求めるのが安全である。

三、炊爨上の注意

㈠　少なくとも一日一回は暖食をとることを可とする。このため炊爨は日没時を選定する。

(二)　密林中における火気使用上の注意は左のとおりである。

①燐寸その他の引火具を亡失した場合においては虫眼鏡レンズまたは眼鏡などを利用し、焚付用として乾燥した竹を割り、内部の薄膜を集めて用いれば容易に火を熾すことができる。

②竹を使用した発火法は左のとおりである。

イ、半分に割った竹の背面中央にV字形の切目を付ける。切目は竹の内面の薄膜に辛うじて達する程度に付ける。

ロ、次いで竹の内面の薄幕を削り、これを固く丸めた後、前記V字形の切目の直下に置き、地表に置いて足で抑える。

ハ、さらにV字形の切目に合う角度で、やや長い竹切《たけきれ》を作り、切目に当て竹切の両端を固く握り、できるだけ早く切目を摩擦する。

ニ、このように操作すればたちまち発火し、吹けば炎となって燃える。

その三　密林内の行動

一、密林の通過

密林の通行に際しては大道ないし主要な道路を避け、森林中を通行しなければばならない。また獣道を利用する。森林内における獣道は河川、湿地の通過を最も容易とするものであることを知ること。

二、密林内における各種徴候に対する着意

(一)人および動物の足跡に注意すること。これらの足跡により人または動物が行った方向ないし推定される目的などについて情報を得られるからである。なお路外における柔軟な地面、河底、小径、水辺などに残る足跡を捜索する着意もまた肝要である。

(二)動物は常に人を怖れ、かつ人を避ける習性をもつ。ゆえに動物の動向により人の所在を知り得ることがある。また動物の叫び声を天候の判断に資し得るよう、演繹《えんえき》(論理的な推論)することを要する。

(三)鳥の動向、啼声に注意すること。例えばタゲリの喧《やかま》しい連続啼声により、人の行動を判断し得るようなことが多い。(註)タゲリは印緬方面野営地ないし村落付近に多数棲息している。

三、敵に遭遇した際の処置

(一)密林内において敵を発見したら、見失わないよう勉める。このため目標から目を離すことなく、その行動特に頭部を見ること。敵がもしわが方を向いた際は静止し、他の方向を見ているときのみ行動すべし。このようなとき伏臥もしくは匍匐すれば敵に対し完全に遮蔽できるが、敵を見失うおそれがあるので不可である。

㈡ 密林内において有力な敵に遭遇すれば、直ちに停止し、徐々に身を隠し、いささかも動いてはいけない。そうでなければ容易に発見されるおそれがある。ゆえに如何なる危機に際しても必ず狼狽せず、静かに身を隠しつつ敵の気配を窺うこと。発見された際は直ちに深い繁みの中に駈込み、四〇～五〇メートル逃れた後停止し、追手の行動を窺い、静かに行動すべし。少数の追手でわれわれを発見できないときは、できればこれを殺害した後行動する。なおわれを発見した敵が慌てて射撃した弾丸は必ず命中しないこと、および森林は常に静寂であるから、不必要な音、軽率な行動は重大な危険を招くことを常に念頭において行動しなければならない。

四、密林内における射撃

㈠ 密林内における銃の操作は迅速を旨とし、時に適切な機会の判定および迅速な決断が重要である。

㈡ 発射すべき時機および発射してはいけない時機を冷静に判断すること。一度その時機を誤ると再度の射撃は不可能となることが多い。

密林山地内の不期戦闘

昭和十九年十月　森（部隊通称号）第一〇七一九部隊「戦闘教令」

一、「備えあれば憂いなし」密林山地内を行動するときは常に突撃を準備して警戒を厳にせよ。

二、前進するときは軽機を含む路上の斥候を出し、部隊の先頭に軽機を置き、敵がどこから来てもよいように四囲に対して警戒せよ。敵は地上ばかりではない、樹上からも撃ってくる。

三、敵が停止していても神速に射撃して突撃し、敵に火力発揮の余裕を与えるな。敵は不期戦では先ず停止し、地形地物を利用し、火力を発揮しようとする。

四、敵の秘密陣地に衝突したときは適当の間合いをとり、先ず主動的に拠点を占領せよ。このときの猪突猛進は囮《おとり》に掛る。

五、密林内では敵は我を包囲するように三方向より前進し、警戒は三線に歩哨を置き、第一、第二歩哨線は黙過し、第三線で対敵行動をとって包囲しようとする。

付近の要点を占領しておくことが必要である。

六、密林内ではできれば焼打ちをなせ。

七、密林山地内は挺進奇襲遊撃に好適だ。

八、不意に敵が現れた時は突撃せよ。また軽機、小銃の腰狙射撃、擲弾筒の水平射撃をして突撃し、これに驚いて躊躇した方が負けだ。

森林戦の参考

昭和十九年十二月　森第六八二〇部隊　軍事極秘

森林戦の問題　その一（教育訓練）

一、兵団全部が森林（森林は連続する大密林地帯をいう）内に入って戦闘するのであって、作戦要務令に書いてある住民地と相似（開豁地の中の局所的森林）の森林とはだいぶ趣が違うし、また第四部の森林戦とも趣が違うところが多分にある。

行軍、宿営、捜索、戦闘、追撃、退却、陣地構築など行住坐臥全部が森林である。教育する者も漠然と森林戦教育と言わず、教育の構想に森林の規模を考えて、原則を咀嚼した教育をやらねばなるまい。

二、ただ次のことは言える。対〇戦法でやっていた統合戦力発揮の教育訓練は徹底的に実施する必要がある。部隊長殿の特に卓越していた点は歩兵の各種火器、砲工兵戦力を攻撃点に集中する能力であり、これは多年歩兵学校で研究し教育された体験がものを言っていたことは明瞭である。この基礎能力がなければいくら森林内を這い回っても無駄骨であろう。さらに掘り下げれば各種火器、器材の性能を知悉していることがその戦力を発揮させる根本である。自信のない森林戦の教育や演習をやるよりは、諸兵種統合戦力発揮の要諦を徹底的に教育することが聯大隊長教育の眼目であろう。

森林戦の問題　その二（戦闘単位と通信連絡）

森林内の戦闘単位は歩兵大隊である。ジャングルといわれる土地においては三〇〇メートル離れたところにいても火力の協力は困難である。五〇〇メートル離れて連絡施設がなければ求援さえ容易ではない。Aの敵に対しBおよびCより向う分進合撃の成功したことは半年間一回もなかった。多くはいずれか一方が森林内を迷って遊兵となる。またAの攻撃に対し三〇〇～一〇〇〇メートル離れているBおよびCの敵が半日から一日のうちに増援に来たことはない。わが方が一大隊をもって敵の一中隊位を一〜二時間で潰滅させる場合が最も容易であり、成功確実である。大隊長が勇敢で実兵指揮に卓越し、聯隊長が歩砲の協同を緊密に律してやった場合の攻撃は大体成功している。

聯大隊長の能力の向上も必要であるが、大隊の戦力を最大限に発揮する編成（諸兵連合で十分な通信機関を有する）、軍隊区分を作ることはさらに重要である。

通信特に有線通信の攻撃の局所における価値は決定的である。歩・砲綜合の威力発揚も大隊長、中隊長に対する指揮掌握もこれがなくては不可能である。島嶼防衛に任じる部隊に無線のみを持たせる編成は一考を要する。有線を持たない部隊は真面目な組織でも攻撃は困難である。

森林戦の問題　その三（ジャングルの程度）

森林内の戦闘なかんずく突撃を計画する際ジャングルの程度は戦術的に左のように区分できる。

甲、伐開しなければ単独兵であっても行動不能のもの。

乙、伐開しなくても単独兵は森林内を潜ってやや歩度を早めて通れる。

丙、機関銃が二人搬送で伐開せずに通れる。

攻撃に最も有利なのは丙であり、乙であればそのままでもどうにか攻撃ができる。甲は森林における攻撃は最も困難である。

敵の陣地はほとんど射界の清掃をやっていない。音に対して射撃をする。
二、三日激烈な戦闘があれば自然に射界は清掃される。
甲の森林では第一線歩兵が敵陣地の細部を偵察することができない。攻撃準備位置に就くのが問題であり、それから敵に突入する間が駆け出せない地形のため、大体この距離で壊滅的被害を受けて、突撃は頓挫する。突撃の問題は略すが、突撃発起五〇メートルは遠すぎる場合が多い。

森林戦の問題　その四（森林内の偵察）

一、二五万分の一、一二万五〇〇〇分の一の地図しかない地方で、全域森林特に地点の基準のない地区においては情報、特に大隊長、聯隊長に必要な情報の収集審査は極めて困難である。
斥候は将校斥候であっても自己の通過した地点を的確に報告できない。

下士官斥候以下にいたっては大部分五〇〇メートル位前進しても二キロ位前方まで行ったような報告をする。一〇〇〇メートル位先にいるべき分哨が鼻の先に立っている。

報告を聞く者は審査というよりも判読という言葉が適当な程度に頭を用いねばならない。したがって敵の陣地などは斥候の報告を綜合して図上戦術の想定や状況に示すような図は描けない。一般のような攻撃計画は立たない。

攻撃を開始してから敵の火器の位置が判明する。それに応じて大隊長、聯隊長の急速、敏速なる部署が必要である。

ここに大隊長級の能力の向上とこれを助ける通信の必要性がある。

訓練も威力捜索に引続く攻撃遂行を徹底的に訓練する必要がある。

森林内の状況不明の一例として、歩兵約半大隊正面一キロ程度の友軍陣地を申し受けた大隊長が、確実に自己の陣内を詳知するのに、毎日歩き回って一週間かかったことがある。兵団司令部から行って一日位見ても如何なる陣地ができているか分からない。

友軍の陣地さえそうであるから、森林内を潜行して行って見る斥候に多くを期待するのは無理である。

将校斥候に一、二回行った将校がいるから、展開や夜襲の道案内ができるなど考えていたら大間違いである。

二、斥候の報告を理解するためには大隊長、聯隊長自らその土地を歩いていることが絶対必要である。兵団参謀また然りである。

防御陣地を占領したときや後方機動をやったときなど、敵がまだ来ない時期はこれが可能である。

森林戦の問題　その五（戦車）

森林戦である以上たいした価値は発揮できないと思っていた戦車も、森林ではまた独特の威力を発揮する。

森林戦に現れた二、三の特色を列挙する。

一、敵の戦車は自動車道路を通らずに駄馬道、人道などを方向維持の基準にして森林を押し倒し、前進して来る。これはやるかも知れぬと思っていたが、徹底して本道を避けて来るのには少々驚いた。一時間四キロ程度の速度である。こちらの速射砲は追いかけて行けない。

二、探索困難な森林内拠点の争奪において、拠点に近接する者に対し音を聞いて行う小銃、機関銃の盲射ちにより、裸の人間は相当にやられるが、戦車は平気でじりじり押して来る。威力探索には好適である。

三、集結使用の程度は二〇～三〇両程度で、それも一拠点に対しては二～三両一組となり、歩兵を背に乗せてやって来る。

四、森林内の秘匿された障害物に突然ぶちあたったとき、戦車の有無は勝敗を決する。必ずしも両数は多くを要しない。攻撃にあたり「二両でも一両でもあればなぁ」と嘆息するような状況は再三起った。

森林戦の問題　その六（持久作戦との関係）

三〇〇キロの正面を有して、敵の制空権下で長時日持久作戦を行う兵団にとって、森林は不便もあったが、大局から見て大きな援兵であり、宝であり、戦力であった。フーコン地区が開豁地であったなら、現在程度の持久も不可能であったろう。

森林の価値の主なものを挙げると、

一、森林は膨大な築城材料を提供する。

移動した戦線で直ちに築城に着手できる材料が直ぐ横にある。

二、飛行機に対する掩護

毎日延一〇〇機で銃爆撃を受けても遮蔽ができる（満州の開豁地で制空権を失った軍隊は、制空権のない海軍に似た状況になると思う）。

直接の損害はほとんどない。実際は後方の停車場近傍の集積地の軍需品が大部分であり、昼間行動を避けるために生じる兵全員の疲労の累積などの間接被害の方が大きかった。

三、少数の兵でも頑張っていれば、敵は三キロ、四キロの地歩を推進するのに数日を要する。長時日の地域抵抗による持久戦を制空権のない開豁地でやるのは困難なことであろう。

森林は兵団の場合においては宝であり、味方であった。

四、森林は駄馬道、人道はできても、行軍に普通の三倍を要する（展開にはこの時間を見込む必要がある）。したがって持久のため抵抗地域の余裕を一〇〇キロ持っていることは三〇〇キロの余裕があることである。これは横方向にも言えることであり、四キロの正面は一二キロと考える必要がある。一ヘクタールは九ヘクタールである。フーコン地区の面積は地上軍隊の運用については九倍に相当する地域を考えねばならぬ。森林が兵を呑むという言葉も数学的に一部説明できると思う。

森林戦の問題　その七（鳩兵戦訓の普及）

一、森林における樹上射撃の価値は決定的とは言えないが、相当なものである。樹上に隠れた狙撃兵（鳩兵）は位置が分からぬため撃墜は容易でない。

緒戦の部隊が不覚をとり幹部の大量消耗に遭い、一時に戦力を喪失する、敵戦術の一つはこれである。戦訓に対する無関心は日本軍の通弊である。戦場に新たに到着した部隊長に司令部でちょっと話をしたり、書物を配布したりしたのでは、なかなか徹底しない。自分で叩かれねば深刻でない。深刻に悟ったときは惜しい幹部が既にやられている。

二、教育訓練のとき大隊教練を聯隊長が指導、講評し、中隊教練を大隊長が指導、教育、講評し、習性となっていなければ突撃のときに忘れ、地上のみを気にして、この上空よりする側防火器に引っ掛かってしまう。

三、機関銃の掃射ではなかなか落ちないようにちゃんと掩体（土嚢）を積上げて偽装している。ばたばたとやられたがどの木かなかなか分からない。探している者がまたやられる。

四、火器は自動短銃、自動小銃、擲弾銃（俘虜は擲弾銃はないという、単に手榴弾かも知れぬ）のようなものも用いる。

弾丸が肩から胸、腰と要部を至近距離で貫通するから一〇人中七、八人までは助からない。戦死なかんずく即死が多く、中には手榴弾を一杯袋に入れて上っているやつがいる。敵陣地の一角を奪取したと思った瞬間、木の上から猛烈に投げられ、一瞬にして成果を失ったことがある。何のことはない、猿蟹合戦の猿である。このときほど蟹の立場に悲憤の涙を流したことはない。

五、対策

㈠ 攻撃準備射撃の時期、居りそうな木（これがなかなか分からぬ）に対し砲兵、連隊砲、速射砲の集中射撃をやる。無駄弾のときもあるが、時たま敵がもんどり打って墜落すると、なんとも言えぬ溜飲が下がる。怨み骨髄に徹しているため飛行機の撃墜に勝るとも劣らぬ感激である。

㈡ 突撃の時期、機関銃の一部をもって突撃前進間樹上を掃射させる。盲射ちだがやむを得ない制圧である。機関銃で墜落する掩護不十分な奴もある。突撃する分隊の内一人は上を見て行う必要がある。

六、頭上の奴は不意に発見されても頭的位の大きさしか目標はないが、下の者は全身曝露である。人数が多いほど不利である。発見―戦闘開始の位置が近いほど割が悪い。

鳩兵の撲滅までに味方の兵が受ける損害は甚大である。特に味方が鳩兵撲滅に適する火器を持たず、これに対する精神的準備がない場合は惨めである。さらに鳩兵が二つ、三つ同時に動き出し、地上火器がこれに呼応して動くようになれば、突撃頓挫位ではなく、突撃力を全く喪失する。

七、敵の戦闘教令には鳩兵のことが徹底的に書いてある。くどいほど書いてある。したがって敵陣地には必ずこれがある。

八、新戦法を徹底するための教令の書き方には簡単を旨としてはならない。当面の忙しい問題の多い第一線の指揮官は熟読吟味して大学の受験者のように勉強はしないのが通常である。どこを見ても書いてある、攻撃にも、防御にも、行軍にも、宿営にも、築城にも、また戦訓にも、教令にも、訓示にも、講評にも、日常の上級者の談話にも一つのことを徹底させる心算で掛らねば徹底しない。

九、新戦法に対する創意工夫、この徹底に関する努力については敵に負けている。第一線の吸収性の乏しさもあるが、上級司令部の徹底させる努力の不足を認めねばならない。電報を書く紙の追送もない第一線の実情に応じて、上級司令部から必要な印刷部数を配布してやる努力をせねばならない。新戦法は口達のみでは流言蜚語のように迅速には伝わらない。敵は要図、漫画など色々工夫して兵に新戦法を教えている。

一〇、兵団では森林における方向判定要領、鳩兵の話、模範的な兵団内の戦例、兵団正面に飛行機が来ない理由（さらに状況苛烈な方面で動いていること）、ブーゲンビルの戦果、戦車の弱点などを浪花節や漫才で教育して回った。下手な訓話や学科よりも徹底する。

㈠　ゲリラ戦（通信の及ぼす精神的支援）

タルン河畔より後方機動にあたり、約一中隊を基幹とする部隊二を森林内に残置して、ゲリラ戦による敵戦力の消耗作戦をやったことがある。

二個中隊二〇日位で友軍の損害一〇人位に対し、確認した遺棄死体三〇〇位の戦果を挙げた。実質的には一〇〇〇に近い戦死傷を出したと考えている。

物質的戦果としては大成功であったが、中隊長が電話で報告した文句によると、「兵隊が自分で決心をして位置を捨てる癖がついて、どうもいけません。この土地はどうせ捨てるという考えがあり、主力がいつ後退するかも知れないという不安があるのか、兵がどうも落着いて働きません」

効果はあるがよほど注意しなければ悪い影響を及ぼす戦法である。もっともこの中隊は後にも勇敢に戦闘した（中隊長が良かったせいもある）。

㈡　遊撃戦に関する心理的観察

森林の中に小部隊をもって居残り、一面の敵の中で行うゲリラ戦は、図上で考えると至るところに有利な目標があり、成果もまた大きく、大いに推奨すべきもののようであるが、第一線部隊の身になってみると机の上で考えるような楽なものではない。

四面敵の中にいること（火を焚くにも、一寸動くにも、話をするにも神経を使わねばならぬ）のため、いわゆる草葉のそよぐ音にも気を使うために生じる精神的疲労や、一回敵をやっつけた後に自己の根拠地に帰るまでの危険などにより、非常な疲労をともなう。

①待伏している路上に好目標が現れた場合においても、その兵力警戒部署などがわが兵力に比べて圧倒的優勢であり、警戒が厳であると、何となく気を呑まれて飛びかかれない。これは待伏をやった下士官の飾り気のない告白である。

②一度射撃を始めて敵が飛び散る、散開して森林内に逃げる、やがて付近に

迫撃砲の弾丸が来る。敵が森林内を押し分ける音が聞こえる。これが皆自分の退路へ退路へと前進して来るように感じられるようである。

ゲリラ部隊が帰ってきての報告は決まって「有効なる第一撃を与え、少なくも〇〇名を斃しましたが、残りは逐次われの後方に迂回しますので、退路を塞がれると思って離脱して参りました。遺憾ながら敵の遺棄死体に手を掛ける暇なく、情報収集の資料はありません」である。とにかくこの逃げ腰でやる戦法はよほど豪胆な者でないと難しい。

③ゲリラに残った部隊が何の消息もなく、そのまま帰って来ない。死体も軍刀も銃も収容できない場合は嫌なものである。

④敵のゲリラ戦地帯を行動することの不気味さと、多数の敵の中に残って友軍は誰も見ていない所で、ゲリラ戦を行う部隊との心理的闘争、圧迫感に対し反撥する神経の強靭性の競争はゲリラ戦に付き物と思う。この点支那の敵遊撃部隊は自国内の戦という点において、われわれの体験したものと比較にならぬ気軽さといっては語弊があるが、圧迫感の軽さがあると思う。

⑤ゲリラ戦をやられた場合、ゲリラをやった敵を徹底的に掃蕩撃滅する。この際損害の多少の増加は問うところではない。信長のいわゆる「谷々を相

求めて討取候へ」の意気込みで反撃、撃滅する必要がある。

ゲリラをやった小隊が中隊に帰って来て、「今日位面白い戦闘はないよ、敵がバラバラ斃れて、後のやつはドンドン逃げてたもんなぁ、迫撃砲の集中射撃を喰った地域ではアイヤー、アイヤーと敵の悲鳴が聞こえたぜ」と同僚に話をすると、別の小隊も直ぐ次の日は出て行く気になる。

一〇人位の待伏部隊が相当の戦果を挙げても、その中の一人位が一〇日も経って空腹に目を落ち込ませて帰って来て、「第一撃で一〇人位斃しましたが、後から来た敵が直ちに森林内を通って包囲するように前進をして来て、軍曹殿は戦死されました。日の暮れるまで頑張りましたが、弾丸も少なくなりましたし、一緒では帰れぬから各々敵の囲みを潜って、各個に部隊の位置に帰るように〇〇上等兵殿に言われ、別れました。私はやっと敵の外に出ましたが、毎日敵から追い回されて道に迷い、今日やっと帰りました。甲、乙、丙、丁の四人は確実に戦死しました。残りの者はどうなったか分かりません。軍曹殿の拇指は上等兵殿が切って持っておられます。今日で一週間水ばかり飲んでおります」というような時には、中隊長が次に出すゲリラ部隊に与える任務は消極的になったり、たいした獲物もあるまい、「まぁまぁ止めとけ」というようになる。

以上はこちらがゲリラをやってみて体験したゲリラ部隊心理である。中隊長の司令部に対する電話報告の声を聞けば、大体今日の戦果、明日の部署は見当がつく。
⑥ゲリラ戦を日本軍がやった経験はあまりないと思うから、くどくどしく書いたが、この心理は支那における対ゲリラ戦法上逆に参考になると思う。また潜水艦に対する護衛艦攻撃もこの思想で、一度われを攻撃した潜水艦は、何としても生きて帰さぬ気持でやることが必要であろう。
⑦ゲリラ戦のとき中隊根拠地と司令部間に有線電話を張った。後半期は敵に切断されて無線のみによったが、有線があるときに中隊長に与えた精神的支援は大きかったと確信している。また電話で話せば第一線の微妙な気持も分る。

沖縄作戦の教訓

昭和二十年六月　大本営陸軍部

緒言

島嶼作戦における戦訓は必ずしも国土決戦に適用し難きものありと雖も、無形的要素の地位、統帥指揮なかんずく戦法、戦技に関しては貴重なる教訓を垂れあり。特に本書は国土決戦逼迫せる現況に鑑み、善謀奮戦赫々たる武勲を残したる沖縄守備軍の忌憚無き反省教訓を重視して整理せるを以て、吾人の真剣なる作戦準備資料なりと思料す。(この部分原文のまま)

第一　敵軍の戦法　略

第二　教訓

その一　統帥

一、指揮官、幕僚の敢闘意志昂揚について

軍の強弱は実に指揮官の精否に大きく関係する。

状況が不明で、凄惨苛烈であるのは戦場の常態であり、強烈不撓の意志力、攻撃精神など無形的要素はこのような戦場において指揮官に最も要求されるところであり、成敗の基もまたここにある。

二、司令部内の団結と戦術思想の一致について

司令部内における各幕僚および上下級司令部相互の一貫した戦術思想と心との一致は、戦勝の重大要素である。この一致は急に応じて求められるものではなく、平素における思想の不一致は困難な戦況下益々助長増大する。ゆえに司令部内における精神的結合と上下級司令部相互の意志の流通は、作戦準備間より特にこれを重視することを要する。

三、防者の心理と決断力

対上陸作戦の本質上守備軍は敵上陸まで受動の地位にある。しかし一度作戦を開始すれば防者の受動心理を克服し、断乎主動の地位に立たなければならない。

沖縄本島に対する敵の船団陽動はしばしば軍の攻勢移転を拘捉した。

四、高等司令部の戦場心理と心構え

砲煙弾雨の戦場においても第一線と高等司令部とは様相がはなはだしく異なり、第一線は弾雨に慣れて心的動向は鈍感になりやすいが、高等司令部は第一線に比べれば常時弾雨にさらされていないので、ややもすれば艦砲射撃、砲迫爆撃の急襲、悲惨な戦況などに対し神経過敏となり、心理的弱点を曝露しやす

い。

ゆえに司令部内の雰囲気をいかなる場合においても雄々しく、正常にするよう努めることが重要である。

五、統帥の権威

状況の変転に即応する統帥はもとより必要であるが、戦闘指導方針または命令の変更、訂正が回を重ねるにしたがい、統帥の権威を失墜する。

本件は作戦要務令の明示するところで、われらもよく承知する原則であるが、戦場の実相はややもすればこの弊に陥りやすい戦訓が多いことから指揮官、幕僚の修練を要するところである。

六、作戦構想にもとづく一貫した作戦準備について

任務を基礎として作戦構想を定め、これに合致するよう諸計画を準備することを要する。

特に静的作戦準備（配備計画、築城計画）を重視し、動的作戦準備を軽視しやすい傾向があるので、戦闘指導計画など動的準備の検討訓練に遺憾のないことを要する。

七、五月四日攻勢中止の原因

攻勢前進した第一線と後方とに対する敵の遮断射撃は熾烈を極め、連絡が杜絶し、師団司令部、軍司令部においては第一線の状況が不明となった。これに加えて敵の陸海空よりする集中射撃により戦死傷が続出したので、各師団、軍直部隊は相次いで戦力減耗状況を軍に報告した、軍司令部においては各方面より損害続出の報告を受け、「なるべく長期にわたり戦略持久すべき任務」に鑑み、攻勢を断念することを得策とすべき意見が出て、遂に中止を命じるに至ったようである。

しかし事実は前夜の逆上陸が成功し、敵の混乱は甚だしく、しかも戦車部隊は比較的損害が少なく、攻勢準備線に就いた時機であり、このまま攻勢を続行した場合に成功するか否かは断定できないが、第一線の攻勢が頓挫していないのに中止のやむ無きに至ったことは、真に惜しむべきことであった。攻勢の実情は二十四師団の約二個大隊が軽戦車をともない、発煙下滲透的に突進したに過ぎず、このとき砲兵はほとんど随伴していなかった。第一線戦力を維持培養するに至らず、攻撃中止となったのである。

八、大隊長は第一線戦力の核心である。

戦訓に徹すれば大隊長は実に第一線戦力の核心である。戦略単位としての兵団長、軍旗を戴く聯隊長などより団結の中心、戦力の根源であるが、対迫撃砲、対戦車、洞窟陣地の戦闘など近代戦闘の趨勢は特に戦術単位たる大隊長の勇猛と、卓越した指揮とを要求していた。

九、戦果損害報告と審査

戦果、損害は過大に報告しやすいので、平素より至当な報告をするよう教育を徹底する必要があるとともに、諸情報の収集、確認手段を講じるなど、審査の確実を期すことを要する。

その二　築城

一、作戦準備間において各兵団部隊は専ら自隊正面の築城に専念するので、軍の作戦指導要領を明示して、協力に必要な他地域方面の築城実視を命じることを要する。また兵団相互に陣地編成を通報し合う必要がある。

沖縄においては島尻地区の二十四師団が急速に北方正面に転用されたが、この兵団は他の兵団が構築した陣地に就くため、大きな混雑を来したようである。

二、司令部、本部位置は多数用意しておくことが必要

通信機関の設置場所と有線通信の収容に最も配慮を要する。

三、洞窟陣地

㈠ 洞窟陣地の最も利とするところは砲爆撃に対し戦力を温存できることにある。最も弱点は臆病になることである。洞窟陣地自体は一層戦闘的に編成設備するとともに、これに付随する地表面陣地を構築することが極めて重要である。

㈡ 掩護高十数メートルに及ぶものは巡洋艦以上の主砲および爆撃に対しても抗堪する。ただし入口付近は破壊されることが多い。

㈢ 第一線洞窟陣地

①入口は多数必要（戦闘的）

②蛸壺陣地（連接を良好にする、迅速に進出）

③洞窟火点射撃を開始すれば間もなく敵の報復射撃を受け、二〇～三〇発の連続射撃によりわが火点は通常破壊される。

④敵の迫撃砲が射撃を中止した時、敵の歩兵は陣地前五〇～六〇メートルに接近している。この時は全員速やかに蛸壺陣地に入って戦闘することが必要で、これを躊躇すれば全員洞窟内に馬乗り攻撃（火炎を放射し、手榴弾を投げ入れる）をされることを通常とする。

㈣ 洞窟健兵対策

①砲爆撃に対し萎縮しないよう常時敢闘精神の昂揚に努める。
②精神過労に陥るので、精神教育と戦果通報により志気を昂揚する。
③勤務割の適切、起居厳正に努める。
④洞窟内作業、体操の励行。
⑤夜間洞窟外に出て体を動かす。
⑥厠は内部に設け、保清に努める。

四、陣地は戦闘間でも絶えず補修する。

五、予備陣地の必要性

陣地の命数は短小であるので、多数の予備陣地を必要とする。またこれにより射撃することができる。

六、偽陣地、欺砲煙は極めて有効で、敵の艦砲、銃爆撃をこれに牽制する。

七、蛸壺陣地は敵の榴霰弾、榴弾の曳火射撃により損害が少なくない。よって蛸壺の構築は地下に兵が座れる程度の球形の空間を掘削し、上部の出入口は狭くして弾丸の破片が侵入しないようにする。兵は敵の攻撃時に蛸壺に入り、攻撃に背を向けて身を屈める。接近した敵に対し機関銃の脚を除去して小銃的に急襲するのが最も有効である。蛸壺の間隔は一五～二〇メートルとする。

その三　挺進攻撃および歩兵火力の発揚

一、敵の斬込対策

比島、ペリリューなどの斬込に恐れをなした敵は徹底的対策を講じつつある。即ち、

㈠候敵機（敵を探す飛行機）の濃厚な配置及びこれにともなう火力配置

㈡偽幕舎などの配置

㈢昼夜間を問わない砲撃

㈣照明弾の徹底的使用

二、挺進攻撃

㈠斬込班は一目標を発見すれば携行兵器を全部消費する癖がある。次の好目標発見のときは武器が無い状況となる。

㈡斬込班の編成装備

①三〜五名の組を最も可とする。

②各人は槍（小銃は重く不便）一、手榴弾二〜三、各組は爆雷一〜二

㈢夜間挺進斬込の侵入路は当然敵が警戒している道路、稜線、谷地などを避け

ることを要する。山腹を経て侵入し、成功したことが多い。

㈣　斬込時機

降雨時の斬込は多大な成果を収める。

①敵が油断しているので警戒が緩む。

②幕舎、その他に兵員が集結している。

③火砲、戦車などの無警戒が多い。

敵の昼夜間配備交替時に戦場近くの目標に斬込を実施するのは有効である。

三、火力発揚

㈠　不断に敵情監視を厳重にし、砲爆撃に屈することなく、自動火器を縦横に活用し、全知全能を傾けて敵人員の殺傷に邁進することを要する。

㈡　わが一拠点に敵の攻撃を受けたときは、付近所在の拠点に在る部隊は敵砲爆撃に近づき、火力急襲により斜射、側射、背射をもって、断乎これを撲滅しなければならない。このため各拠点間に巧みに偽装した一部の自動火器を機敏に移動させるか、あるいは待機させ、敵を急襲することを有利とする。

㈢　徹底した反斜面陣地に拠る背射の実行

地形を利用し反斜面の陣地を占領し、敵火（戦車砲を含む）による損害を避けつつ、わが自動火器の威力を瞬間的に発揚して、敵人員を大量に撲滅する。

偽陣地により敵火を吸収し、かつ敵の注意を牽制する。

①偽装、遮蔽を完全にする。

②時間の余裕がないときは蛸壺陣地でよい。

その四　第一線防御戦闘の成敗

○過去の第一線防御戦闘の成敗を顧み、如何なるものが成功し、如何なるものが失敗したか。

一、判決

指揮官の精否なかんずくその気魄と職場努力の如何により決する。

二、精強な指揮官は如何に行動したか

㈠　必勝を確信して敵を恐れず、よくこの信念を部下に徹底し、常に積極果敢、主動的戦闘を遂行する。

㈡　率先して陣頭指揮を執り、腹案を練り、善謀をもって部下を指揮する。

㈢ 常に敵の弱点に乗じ、機先を制する。

㈣ 部下の掌握を確実にして、常に職場教育を施し、姑息に流れず、最後まで敢闘する。

㈤ 旺盛な企図心を発揮し、創意工夫を凝らし、活発にこれを具現する。

㈥ 他力に依頼することなく、上下左右の連絡を密にし、近傍部隊の戦闘に積極的に協力する。

○準備周到であれば戦車は恐れるに足らない。

一、爆薬肉攻の威力は大きい。

二、潜伏肉攻

地形を利用し、特に夜間の通過点（概ね一定して来る）付近に遊動的に隠蔽行動をさせることを可とする。

三、敵M4戦車に対し三七ミリ、四七ミリ対戦車砲は有効である。ただし射撃開始後われに数倍する猛射を受けるので、初発必中を期すとともに、迅速な陣地変換が必要である。

四、特に四七ミリ対戦車砲はM4戦車に対し、秘匿陣地から至近距離において待ち射ち射撃すれば威力が大きい。

（戦例）四月四日十二時頃大川東南八五高地に対し、M４級戦車五（内一はM１か）が攻撃してきたのに対し、四七ミリ対戦車砲発射弾二〇をもって擱坐二、炎上二、大破一の戦果を挙げた。

五、一五センチ級加農ではM４級の撃破は容易である。

六、敵は擱坐した戦車を随時牽引車で運搬し、修理している。

七、M１、M４戦車の踏破力は軽視できない。

八、陣地の編成にあたっては総て対戦車を主とすることを要する。

地形上困難な方面においても地形判断を周到にし、対戦車組織を怠るべからず。

（戦例）賀谷支隊は萩道大城付近に堅固に陣地を占領していたが、敵は戦車をもって四月三日より東側の久馬方向より侵透し、遂に四月四日九時頃常間平地に進出した。対戦車組織のない従来の「高地の鉢巻陣地」は無力である。即ち敵戦車の通過予想点に拠点を構築することを要する。

九、敵の歩戦分離を策すには単に小銃、軽機関銃、重機関銃に限定せず、擲射火器即ち擲弾筒、大隊砲、迫撃砲、臼砲などを活用することを要する。

一〇、戦車の眼鏡装備

敵戦車は八倍の眼鏡をもって偵察し、疑わしい時はさらに二〇倍の眼鏡で捜索するので、偽装の徹底が必要である。

一一、沖縄において実施した対戦車戦闘の例

(一) 敵は徹底的に艦砲射撃、銃爆撃、砲迫撃を集中した後、戦車と歩兵が協同して前進して来る。

(二) わが射撃により歩兵または戦車が損害を受けると、あわただしく後退する。

(三) または、歩兵は後方に待機し、戦車のみ陣前約三〇〇メートルまで前進し、疑わしい地点に対し徹底的に射撃した後、歩兵を招致し、協同して陣内に侵透して来る。

夕刻には戦車は約五〇〇メートル後退する。

(四) 戦車の撤退を追尾し、経路に夜間地雷を埋設するか、肉攻を配置すれば翌朝に撲滅することは容易である。

陣前約一五〇メートルないし三〇〇メートルの戦車射撃地域、または陣地に対する火焔有効距離外に、あらかじめ肉攻を配置することが必要である。

その五　対迫戦闘

一、敵の迫撃砲について

㈠　陸上火力戦闘の主体で、わが軍が最も苦痛とする兵器である。

㈡　迫撃砲の利点

①遮蔽陣地の利用。

②弾量が豊富で、炸裂が大きい。

③発射速度が大きい。

④破壊威力は大きくないが、殺傷効力が大きい。

⑤警戒が厳しく、攻者の訓練不十分の場合は、夜間の斬込も成果を収めることは困難。

⑥わが軽迫撃砲の射程外にある。

二、創意工夫による蛸壺陣地利用の戦法

左記の戦闘法は沖縄において創意実施し、効果を収めた。時間の余裕がある限り実施に勉めることを可とする。

㈠　前後左右に多数の蛸壺陣地を設け、前後に数條の交通壕を設ける。

㈡　敵迫撃砲の射撃時は後方の蛸壺に退避する。

㈢　敵迫撃砲が射程を延伸した時、前方に進出し、射撃の瞬間に殲滅する。

㈣　敵歩兵が後退し、迫撃砲が第一線に射撃を再開した時、直ちに後方蛸壺に後退する。

その六　砲兵

一、軍砲兵隊は優勢な敵砲爆撃に対処し、真に善戦した。その主因は左のとおりである。

㈠砲兵司令部以下の素質優秀

㈡各方面に陣地を構成し、当初より全砲兵統一指揮の下、作戦準備が周到であったこと。

二、砲兵築城

㈠作業および材料は多量を要し、かつ技術を必要とするので工兵を配属するとともに、材料補充に遺憾のないようにする。

㈡陣地の配備は、砲爆撃下の通信連絡確保の能否を顧慮し決定する。

㈢歩砲一体の陣地を可とする。特に歩兵聯隊大隊長と観測所を一致させる。

㈣一五センチ榴弾砲以上の洞窟陣地は径四〇センチ以上の木材およびコンクリートにより、開口部の強化を必要とする。

強度が小さいときは砲爆撃に埋没し、発掘に労力と時間を要するので、むしろ野戦陣地を可とする。

偽装が完全な野戦陣地は好機に乗じた射撃に適する。焼跡の利用は特に有効である。

洞窟の火砲陣地は開口部を二個以上設け、進入進出路および予備陣地多数の構築が必要である。

㈤偽陣地は効果が大きいので、多数構築する必要がある。

旧陣地において陣地補修、無線通信、偽砲火などを行うときは長期にわたり敵弾を吸収する。

㈥弾薬のうち特装薬は砲弾による損害を顧慮し、坑道内に防火壁を設置し分散する。

三、砲兵陣地

㈠砲兵陣地は各所に上陸する敵に対し、主力の陣地を準備したので、最もよく活動することができた。

㈡観砲（観測所と放列）間隔が大きいのは適当でない。無線では時機を失するからである。

㈢昼間においても洞窟陣地の火砲はよく射撃することができた。

(四) 陣地変換後、射撃開始に至るまでに二夜を要した。あらかじめ準備しておかなければ昼間敵に曝露し、たちまち破壊される。

四、砲兵射撃

(一) 昼間砲兵は如何にして射撃すべきか

①洞窟陣地にあるものは射撃可能である。しかし数倍の報復射撃を覚悟することを要する。

②敵の観測機（艦砲協力）不在または視界外にある時機を捕捉する。

③昼間攻撃に協力して強行するときは、高射砲などの協力の下に射撃する。

④敵の飛行機がいないとき、即ち敵制空の間断を狙う。

(二) 夜間は陣地を換え、随時射撃する。

(三) 陣地のない砲兵の射撃は夜間でも（艦砲、飛行機のため）破砕される。

(四) 敵軍需品の集積所を焼夷するため、焼夷弾の必要性は大きい。

(五) 持久任務の兵団は特に弾薬の節用を要する。本島は一会戦分で不足している。

(六) 測地

①砲兵能力発揚に大いに貢献した。

②砲兵の方眼座標は全軍がこれを有効に利用している。陸海空を合わせた方

眼入り地図を整備すればさらに有効である。

その七　指揮官統率の良否

一、戦績が思わしくない指揮官の行動はどういうものか。

(一) 敵の火力を恐れ、諸施策が消極的である。

(二) 自ら積極的に策案を講じることが少なく部下任せとなり、あるいは悲観的な部下部隊の報告意見のみに耳を傾け、自ら状況を判断して最良の策案を執る努力と決断を欠き、戦局の推移のままに指揮する。

(三) 敵の良所のみを見て弱点を見ず、処置が常に場当たり的である。

(四) 部下の掌握が不確実で被害の恐れが逼塞し、部下の使用が姑息に流れて必要な戦術的処置を実行しないため、かえって全般的損失を大きくした。

(五) 企図心と創意工夫を欠き、同一失敗を繰り返しつつ終始する。

(六) 協同戦闘にあたっては他力本願で、他隊の戦闘に協同して敵を撃破すべき機会があっても、萎縮して傍観する。他隊の戦闘が思わしくないときは、直ちに消極的になる。

(七) 連絡が悪い。また状況が急変し、処置なしに至って悲観的報告をする。

二、どのような歩兵戦闘が戦果を挙げたか。

㈠　洞窟陣地に逼塞せず、近接戦闘時に主力は蛸壺陣地に拠り、連絡なくわが火力を発揚した。

㈡　損害を顧みず常に有力なる一部を蛸壺陣地に置き、警戒を厳しくするとともに、敵の弱点捕捉に努め、機を失せずこれに乗じる。

㈢　重火器が損耗してもよくこれを掌握し、統一して至短時間に火力急襲を実施し、敵の侵透を許さず。

㈣　他方面または侵透して来る敵に対し、忽然として斜射・側（背）射を行い得るよう処置し、果敢にこれを遂行した。

㈤　戦車に対しては煙の利用、砲兵射撃、支援射撃などにより歩戦分離を行い、積極的肉攻を敢行した。

　戦車が来ないことを恃《たの》む（期待する）部署は執らず、創意工夫により戦車が来るのを待望する部署をなす。

㈥　効果的な斬込の事前準備を行い、機が至ればこれを投入し、悠々として戦果を挙げる。

三、どのようなわが軍の部署法を見て、敵が侵透して来たか。

㈠ 洞窟内逼塞
損害を避けようとしてかえって大きな損害となり、しかも敵に打撃を与えない。

㈡ 機関銃など火器使用の拙劣
①指揮官の統一火力急襲なし。
②側射・背射実施の部署を欠く。
③敵の報復射撃を恐れ、好機があるにも拘らず射撃を行わない。

㈢ 敵の砲爆撃を恐れ、陣地占領は徒に消極的となり、敵を射撃し得る陣地占領をしない。

㈣ 他部隊との間隙を侵透された。
①敵が他隊の正面に来るときは機関銃側射の好機にも拘らず、これを実施せず。
②指揮官は敢然として命じる必要があるにも拘らず、自己の位置が発見されることによる敵火力の報復を恐れ、これを実施せず。

㈤ 戦車が来ないことを恃む部署をしたため二、三両の戦車にも陣地を奪取できず。

(六)　砲兵依存主義であるため、砲兵射撃の無い諸行動に躊躇する。

効果を収めた第一線大隊の戦闘（五月十七日）

一、指揮官の威徳により部下を掌握する。

第一線の通信連絡が思うようにならない状況下において、指揮官が率先して陣頭第一線陣地に位置し、部下に「うちの大隊長はあの壕にいる」との精神的連繋により、部下の掌握を可能にし、連絡も確保された。

二、一地の守備兵力密度を大きくすることなく、火力組織を周到にし、要点に対し火力急襲を準備する。

(一)　一地の守備兵力密度が大きいのは敵迫撃砲に好餌を与える。火力が集中する地点の配備は極力これを避ける。

(二)　大隊長は昼間戦闘が終了すると、必ず明朝以後の敵攻撃要領を判断し、先ず火力組織を決定し、次いで各部隊に任務（陣地、火力指向、協同要領）を的確に与える。

(三)　要点に対しては火力急襲を準備する。

(四)　各陣地相互の支援火力を必ず指定する。即ち併列する陣地相互の側防および後方陣地より前方洞窟陣地上の側防など。

三、洞窟陣地の監視は常に行い、蛸壺陣地への戦闘転移の時、機を失することがないようにする。洞窟に馬乗り攻撃を受ければ、戦闘力を喪失する。ゆえに守兵の約三分の一を蛸壺陣地に置き、監視（自分の陣地のみならず隣接陣地前をも含む）を厳にし、敵歩・戦の奇襲に備える。

四、蛸壺陣地の活用

戦闘陣地の主体は蛸壺陣地であることは歴戦諸隊の一致した意見である。敵迫撃砲の射撃終了に引続き、機を失せず主力はこれに移り戦闘する。蛸壺陣地の縦深配備により、相互支援を図る。

五、対戦車処置

戦況困難な場合においても創意工夫万策を講じることを要する。

㈠ 肉攻配置は前日の戦車出入経路（前日一、二両で偵察することが多い）を承知し、秘匿配置する（事前配置が重要）。
㈡ 肉攻手には支援火力を準備する。
㈢ 必ず歩・戦分離を図る。
㈣ 戦車が猛威を振っているときは、あらかじめ準備した発煙を活用して戦車を蔽い、肉攻に攻撃の機会を与える。

㈤　手段が無い時は擲弾筒射撃（履帯破壊、機関部開放に乗じ炎上など直接的効果があるほか、破裂威力を恐れ遁走する）を実施する（乱用に陥らないこと）。

六、斬込

即興的に命じることなく、事前に教育し、出発に際しては単に地図によることなく、現地について詳細に教える。これが効果を収める所以である。

七、戦況が許す限り、夜間に昼間の戦闘を講評し、明日の戦闘法を教える。

独立重砲兵第三大隊のラバウル洞窟陣地

独立重砲兵第三大隊は昭和十七年十二月ラバウルに進出し、ラバウル死守の防衛作戦が開始された十八年八月以降は洞窟陣地構築に明け暮れた。ラバウル要塞と言われた洞窟陣地は昼夜兼行で概成までに八か月を要し、その総延長は約五〇〇キロに達した。なかんずく十五センチ加農陣地の構築作業は困難を極めた。即ち結合した十五加を放列砲車のまま洞窟内を牽引移動するためには縦横各三メートルを必要とするが、火山灰地のため素掘りのままでは維持できず、ジャングルに自生するラワンの大木を伐採して径三〇センチ、長さ三メートルの柱材を一メートル間隔に組立て、天井と側壁は厚さ二センチの板材（築城部で製材）で覆いつつ、工事を進めた。

大隊は十九年初頭、十五加九門を三個中隊に改編し、第一中隊を東寄りの子山に、第二中隊を中央の見晴台に、第三中隊を西寄りの記念碑台に配置し、各中隊は相互の斜射、側射により火網が構成できるよう配慮した。

当時米軍は一トン爆弾を使用していたため、これに堪えるには上部に二〇メートル以上の厚みを必要とするので、結局小丘陵の後方から前方へトンネル式の坑道陣地となった。

大隊は工兵一個中隊の配属を受け、坑道の総延長はそれぞれ一五〇〇メートルに達した。

十九年二月のトラック島空襲を契機として、ラバウルは完全に孤立し、糧食の削減による栄養の低下と、マラリア特効薬の欠乏により全員マラリアに罹患し、常時約三分の一は病床に付す状況下で工事は進められた。また二四時間制空という悪条件の中で、隊員は昼夜連続の大工事を成し遂げた。

砲座と出入口は偽装を施し、敵から発見されることはなかったが、発砲すれば丸見えとなるので、戦闘が始まれば敵と刺し違えるしかない洞窟陣地であった。

満州における密林

昭和二十年七月　満州に関する用兵的観察

満州の密林は東寧、牡丹江、琿春で包まれた地帯に多い。特にその国境地帯で老爺岺付近は最も密度が大きい。また大興安岺方面にも一部存在するが、比較的密度が小さい。

林相は南洋方面と違い、落葉樹（落葉松、樅《もみ》、柏など）であるため、冬と夏では趣が違う。樹齢は一様でない。大きいものは直径一メートル位のものもあるが、大体五〇センチ以下が多い。大樹の中に矮樹が密生して視界および行動を妨げ、夏は特に甚だしい。林内には倒木が多く、行動を妨げる。ときどき大きな林空があるが、これは山火事の結果である。

林内の地面は凸凹が甚だしく、かつ平坦地には湿地をともなうものが多い。

密林はその密度によっては単独者の通過も困難なところが多い。また稀に樵夫《きこり》などが通る小径があるが、極めて少ない。

第二章　密林戦の戦例戦訓

ニュージョージア島ムンダ方面作戦

中部第四部隊　還送兵（入院患者八名）の体験談

一、南方諸島は常に珊瑚礁、湿地帯、密林地帯であり、珊瑚礁の通過は地下足袋を可とし、毒蛇、サソリ、ムカデの襲撃に苦痛を感じ、湿地帯通過に際しては足部皮膚病のため、甚だしきは死に至り、密林地帯においては給養に苦労した。

二、珊瑚礁地帯の戦闘においては所在の珊瑚礁を集め、掩体を構築し、かつ如何なる場合においても倒木などを利用して掩蓋を付けた。

三、密林内は常に近接戦闘で、使用兵器は手榴弾、拳銃を可とし、兵の体験によれば、「米一合携行するより手榴弾一発持ちたかった」といい、かつ密林内の珊瑚礁地帯に陣地を構築した場合、一昼夜の作業能率は概ね膝射掩体が構築できる程度であった。ゆえに所在の岩石および倒木などにより掩体を構築した。

四、兵器および弾薬

上陸―湿地―密林地帯の行動と、湿気、雨量が多いため、精密兵器などはあらかじめ所要の予防処置をしておくことを要し、小銃などは油の補給が困難であるため、使用不能となり、油に換えて水により手入を行った。

連日猛烈なスコールの来襲により、弾薬置場に浸水し、このため某兵団野砲弾薬約六〇〇〇発が使用不能となった。

五、給養

円滑な補給不能のため作戦中左のものを食用とした。

椰子の実、ヤドカニ、蛇、トカゲ、フカ、牛（野生および放牧）、野豚

給水困難で煮沸飲用したが、大部分の者が大腸炎にかかった。

チンドウィン河左岸戦闘の教訓

昭和十九年十二月　森第一〇七二二部隊

一、対機甲障害としての倒木の価値

倒木は密林地帯内道路における対機甲障害として大きな価値がある。中径が三〇センチ以上のものを多数実施し、その切口はなるべく高低不規とし、かつ鉄線および葛藤の類をもって倒木を相互に結束するものとする。

(一)　倒木の効果概要

今次作戦において実施したのは合計約二〇〇〇本で、第二、第三ストッケードの間約一マイルに約二〇本実施したのを始めとし、次いでボン河、カレワ間に約一〇〇本実施した。次いでカイン、シュエジン間に約五〇〇本実施したが、カイン付近末田大隊前面に現出した戦車は同部隊が十二月七日夜同地を撤退してから、十四日夕刻大澤部隊がシュエジンを撤退するまで七日間現出しなかった。

後方に動力伐採機のようなガソリンエンジンの音を聴取した。シュエジン

―カドウ―トウヂン間に約一五〇〇本を実施した。二十五日夜曙村を撤退するまで四日間に少数の敵斥候が現出したのみで、車両部隊が近くに進出したのは認めなかった。

㈡　準備作業

作業のためにはあらかじめ工兵を主とする伐木班を多数編成し、これに区域を配当し、樹径に応じ一側もしくは両側からV次型に切込を作り、撤退時の倒木作業を迅速に行えるようにする。作業力は二人用手鋸で一人あたり一日二〇～三〇本を限度とし、計画にあたっては二〇本を適当とする。

㈢　倒木方向および高さ

倒木方向は切込の手加減により概ね調節可能であるが、むしろ一定方向とせず、不規とするのがよい。また実施部隊の意見によれば倒木の折れ口の高さを不揃いにするときは、障害排除を困難にする利点があるという。

㈣　結束の要領

鉄線が無いときは現地に無数に繁茂している葛藤の類をもって倒木の各所を結束し、勉めて除去作業を繁雑にする効果があると認める。

㈤　友軍自動車部隊の撤退行動が緩慢なときは著しく作業の完成を阻害し、折角準備した倒木も無効に終ることがある。

二、火焔地帯の構成

対戦車および対舟艇障害として、軽油をもって火焔地帯を構成する価値は大きい。

（戦例一）

十一月十二日インダンギー北方地区において作間部隊正面に敵戦車三両が現出したが、その爆音を聴取した火焔構成班は直ちに準備した軽油ドラム缶三本を道路上に放流、燐寸にて点火すると敵戦車は直ちに反転し遁走した。

火焔の高さは約六〇メートルに達し、遠く完勝山よりジャングルの上に四〇メートル立ち上がるのが見えた。持続時間は約三〇分であった。

真相は不明だが当時（十一月八日）友軍航空部隊の敵機甲部隊爆撃直後であった関係もあり、敵戦車はその後の活動を慎重かつ消極的にしたのは確実で、爾後十六日まで四日間戦車の現出を見なかった。

（戦例二）

十二月三日敵の上陸に際しカイン西南チ河屈曲点水際に準備した五〇本の軽油に少量のガソリンを添加し、これを導爆索により点火、放流したところ、同地以南の流河を完全に阻止したのみならず、敵に多大な恐怖感を与えたようで、以後三日間同地以南の舟艇の運行は見なかった。また十四日までコンヂーおよびシュエジンに敵は上陸しなかった。

三、蜘蛛の巣陣地戦闘要領

方針

一部をもって主要道路に沿う諸要点に拠点を占領するとともに、道路両側各二キロの間に分哨を配置し、主力をもって随時短切なる反撃を敢行する。

指導要領

㈠ 拠点は概ね一分隊（軽機関銃を核心とする）ないし一小隊（重機関銃を含む）程度とする。

㈡ 分哨の兵力は五～六名とし、五〇〇～六〇〇メートル間隔を標準とし道路、小流、稜線など敵前進の基準となるべき要地に配置する。

㈢ 反撃部隊と各分哨間相互並びに各拠点との連絡路確保は特に留意する。このため道路水流など明瞭なものがないときは、連続倒木により連絡路を準備する。

㈣ 反撃方面は分哨より連絡によるのを通常とするが、銃声などにより判断し、断乎拙速主義により機動中の敵側面に突入するものとする。

(五) 敵戦車に対しては倒木、地雷、火焔攻撃および肉薄攻撃を併用する。

(六) 倒木は時間および兵力の許す限り多量とし、できれば分哨前面にて実施する。

(七) 道路両側地区には少なくとも二組（三～五名）の潜入部隊を残置し、奇襲（樹上よりの狙撃を含む）させる。

(八) 給水のため井戸の掘開および貯水（ドラム缶）を準備する。

挺進遊撃戦に関する戦訓

昭和十九年十二月　大本営陸軍部

第一　ペリリュー作戦における実相

ペリリュー守備隊は出陣前より「戦場は既に死地なり」とし、死地にあって活路を見出す方策は一にかかって各人なかんずく将校各自の決死断行にあることを肝に銘じさせ、兵科将校は勿論、技術、主計、軍医などいやしくも将校たる者は一員の例外もなく、各々少数の部下を率いて決死斬込隊となる決意をもって、その準備訓練を実施し、任地到着後の作戦準備間ことに敵上陸後の敵前において益々訓練を重ね、その精到を期すとともに、旺盛なる闘魂を昂揚していた。

一、斬込戦闘の状況

㈠　九月十六日敵の大規模上陸にあたっては肉攻と斬込とを反復しつつ、全員決死の敢闘を続け、敵に甚大な損害を与えた。

㈡　九月十八日夜十数組（一組二～三名）の挺身隊を敵陣内に投入し、ある組は七名で敵二七名を斬り、その他多大な戦果を収めて帰還した。

㈢　九月二十八日機動中隊の一部は挺進肉弾戦により迫撃砲二、機関銃二を鹵獲し、機関銃一を破壊した。また九月三十日増援部隊たる飯田大隊の斬込班は、二組で七〇名の敵将兵を殺傷し帰還した。なお敵兵員殺傷のほか各種弾薬、糧秣などの鹵獲が多量に上った。

㈣　十月五日夜肉攻斬込隊の一部は敵飛行場に潜入し、これを擾乱するとともに、連続火災を生じさせた。

㈤　敵上陸以来守備隊は連日連夜敢闘し、寡兵よく優勢な敵に反撃、大打撃を与えた。なかんずく挺進肉攻、斬込隊による戦果は甚大で、連日二〇〇名内外の敵を殺傷し、十月二十三日（作戦第三九日）までに敵に与えた損害は兵員約二万二〇〇〇、戦車百数十両、その他火砲、弾薬、軍需品多数に上った。

㈥　パラオ本島において新たに編成した肉攻斬込隊（兵力約三〇〇）は十一月五日パラオ本島を出発、マカラカル、ウルクターブル両島周辺島嶼を根拠とし、付近海面に策動する敵の行動を妨害し、かつその北上企図を擾乱、破摧するとともに、部隊が神機を捕捉してペリリューへの総反撃を敢行する場合のため、諸準備を行っていたが、十一月八日夜高垣少尉以下九名をもって編成した海上遊撃隊は荒天に乗じ、ガラゴン島（マカラカル島南方三キロ）を占領し、陣地を構築中の敵を奇襲し、これに大打撃を与え、ことごとく敗走させた。

即ち斬込隊は折畳舟に搭乗、八日二十一時三十分マカラカル島東南端アイタブライ岬を出発、二十三時三十分ガラゴン島北方五〇〇メートルのリーフにおいて下船、爾後徒渉により同島東北角に上陸（二十四時〇〇分）し、折畳舟は主力の拠点位置に引き返させた。

隊長高垣少尉は全員を上陸点に集結待機させ、単身敵情を捜索し、斬込隊を左のように部署し、先ず東南側の敵陣地既設家屋四軒に斬込目標を指示するとともに、爾後の集結点を同島中央椰子林中に明示し、一時四十分第一次斬込を敢行した。

第一組　高垣少尉以下二名
第二組　吉田伍長以下二名
第三組　藤原伍長以下三名
第四組　藤川伍長以下二名

各組は各人小銃のほか手榴弾五、爆薬一を携行した。ただし第三組のみ軽機関銃を有した。各組は高垣少尉誘導後それぞれ目標家屋に突入したが、発見した敵はごく少数で、しかも遁走したので、各組は四時〇〇分全員所期のように集結した。

次いで高垣少尉は同地の敵が意外に少数であったので、敵主力は同島西北部の一角にありと判断し、さらに単身同方面を捜索中、敵監視兵らしきものを発見、直ちに引き返し全力をもって同家屋を急襲することを決め、これに突入した。

敵は既にわが企図を察知し、海中に遁走したので、斬込隊は同地にあった無線機一、兵器、弾薬、糧秣など多数を鹵獲し、六時〇〇分中央林中に引揚げた。

隊長は戦果が予期したように大きくなく、かつ昼間敵の反撃があるのを確信し、任務の積極的遂行をなすべく、独断帰還を延期し、さらに同島に潜伏する決心をした。

九日夜二十三時〇〇分頃敵兵約二〇名は舟艇により同島に無警戒上陸して来たので、斬込隊は巧みにこれを同島中央林中に誘致し、好機を捕捉して不意に急襲しそのうち九名を斃し、他を海中に遁走させた。

本戦闘においてわが方は一名戦死、一名が負傷した。

この間斬込隊は熾烈な敵の艦砲射撃を受けたので、所在の防空壕に待機し、夜に入るとともに上陸点の北海岸に集結を命じたが、二名のほかは集合しなかったので、とりあえずこの二名をマカラカル島に帰還報告させ、隊長自ら他の部下を捜索掌握に勉めたが、発見に至らず、やむを得ず一旦マカラカル島に帰還し、舟艇によりさらに同島を捜索し、十二日全員を掌握した。

㈦

十二月五日在マカラカル島周辺の舟艇群に対するわが海上斬込隊は左のように行動した。

①斬込隊を斬込班（将校以下一三名で舟艇に斬込み、この拿捕を企図する）および爆沈班（将校以下二〇名で各々爆薬を携行し、遊泳により敵舟艇に近接、爆薬を装置してこの爆沈を企図す）並びに撃沈班（下士官以下六名

で山砲を筏に搭載して曳航し、敵舟艇を砲撃により撃沈する）の三班に区分し、五日十九時〇〇分マカラカル島を発進、各々所命の目標に斬込を決行した。
②敵は十八時五十分以降ガラゴン島の探照灯をもって海面を照射し、舟艇群もまた探照灯を照射、照明弾を打上げ、かつアパッパォモガン島に対し砲撃を加えるなど混乱を呈した。
③斬込隊はこの間隙を縫って目標に近接し、推進機に爆薬を装したが、不幸にも不発に終り、大部は敵の逃避行動および妨害により成果を挙げ得なかった。

二、斬込隊の編成装備

㈠ 攻撃目標、敵情、地形、昼夜の別、戦況の推移などにより異なるが、夜暗少数兵力で決行させるのがよい。ことに二〜三名で一組とすれば、敵陣内に潜入する際候敵器（敵を感知する器具）の察知を免れ、かつ軽快に潜伏、移動容易で、目的を達成できる。
㈡ 斬込隊には白兵と各人数個の手榴弾とを携行するのみで足りる。
㈢ 一兵に至るまで爆薬の取扱および不斉地における斬撃刺突の要領に習熟させせ

ることを要する。

三、肉攻、斬込隊の攻撃目標

状況により異なるが、主として左記を目標として訓練した。

(一) 肉攻隊

①橋頭堡内にある戦車数両で編成する敵戦車拠点

②軽易な障害物（地雷を含む）で囲繞する敵火点

③移動する敵戦車

(二) 斬込隊

①敵の指揮中枢

②通信連絡、警戒、照明などの諸施設

③敵兵員の集団

四、戦法、戦技

(一) 熾烈な砲爆撃下における逆襲、反撃は斬込隊、肉攻隊をもってする絣状面式戦法が有効である。すなわち多数の斬込隊および肉攻隊を広く諸方向より敵線に潜入させ、これを第一波とし、続いて第二波、第三波、第四波と数波の重畳滲透法により、敵線内部を攻撃し、特に敵戦力の中核である戦車、火砲を覆滅する。このため前進は地形、地皺《ちしわ》（岩が波状に曲がる現象）、弾痕などを利用し、匍匐しつつ全員不断に前進の気勢を保持し、戦友の屍を乗り越え、乗り越え、前進しなければ止まないとの旺盛な攻撃精神を必要とする。

㈡　肉攻隊、斬込隊は潜入後一夜ないし二夜にわたり敵線内に潜伏し、夜暗敵の虚に乗じて甚大な成果を収める。

㈢　斬込隊、肉攻隊の潜伏待機位置は勉めて洞窟、遮蔽下にある蛸壺、小地皺、叢林などを有利とする。

㈣　夜暗潜伏する斬込隊中有力な者は比隣の情勢に拘らず、一挙に深く敵中に斬込み、敵線全般をたちまちのうちに阿鼻叫喚の淵に追込み、後続部隊に敵殴殺の実施を容易にするよう、任務を付与する。

㈤　肉攻隊の対戦車攻撃は敵戦車の注意力を前方に牽制し（音響、偽兵、その他の陽動などによる）、不意に側方より一人一車主義で肉攻する。この際発煙をともなえば有効である。

㈥　肉攻斬込による彼我の損害比率は一〇対一ないし二〇対一程度で、九月二十三日から十月三日間の戦果は兵員殺傷一万を下らず戦車、アリゲーター一四両を擱坐炎上、十月五日夜は連続して飛行場に二回の火災を生じさせた。

五、海上遊撃隊

㈠選抜した少数人員、小舟艇（折畳舟その他の応用舟、小筏、時として小発など）、ガソリンまたはドラム缶（発火具共）、機雷、爆雷、小口径砲などをもって編成装備する。

㈡多数が広正面にわたり薄暮、夜暗に乗じ、虱のごとく敵上陸点の後方海面に這い出し、陸上部隊の行動に呼応し、敵舟艇を爆破または炎上し、あるいはこれを砲撃撃沈する。

六、海上決死遊泳隊

遊泳術に長じる者を選抜して編成し、これに小舟艇、筏、浮木などを携行させて決死海上奇襲を実施する。このためには遊泳術と潜水術とに長じる沖縄漁夫なかんずく糸満出身者は適任である。

以上のようにペリリュー守備隊は集団長統率の下守備隊長以下醜敵必殺の烈々たる気魄をもって必至敢闘よく優勢な敵を撃攘し、終始組織的遊撃挺進斬込戦法その他創意工夫の戦法をもって長日月の間、防衛を全うし、厖大な物量と敵兵員に甚大な損害を与えてこれを牽制抑留し、皇軍全般作戦に多大なる貢献をなした。

第二　モロタイ島戦闘における実相

米軍約一個師団は九月十五日ハルマヘラ島北側モロタイ島南端ギラ岬に上陸すると、同島守備隊の第二遊撃隊（三中隊基幹五〇〇名、うち高砂族二〇〇名）は密林中に分散潜伏しつつ、果敢なる反撃奇襲作戦を実施し、連日連夜敵中に斬込み、敵に甚大な打撃を与え、敵の同島航空基地化を制扼《せいやく》しつつあり。

一、海上機動

ハルマヘラ本島よりモロタイ島に対する海上機動斬込隊の状況は左のとおりである。

㈠　第一斬込隊（中島中尉の指揮する一二〇名）は九月二十七日〇三時〇〇分エラ岬に上陸した。

第二斬込隊（岩崎中尉の指揮する一二〇名）は同日未明ハルマヘラ島ヨエファ岬付近において敵魚雷艇と交戦し、舟艇を大破したため、該地付近に上陸し、爾後の行動を準備中であったが、十月中旬再興し、モロタイ島に上陸した。

　第三斬込隊（丸山中尉の指揮する一二〇名）は九月二十九日ワヤブラに達着し、以上の三斬込隊は十月二十日までにそれぞれ第二遊撃隊長の指揮下に入った。

㈡　大内聯隊の先遣隊たる石井大隊（一七五名）は十月九日頃ブスブス付近に上陸し、第二遊撃隊長の指揮下に入り、爾後の戦闘を準備した。

二、遊撃戦闘

㈠　第二遊撃隊（第一ないし第三斬込隊、石井大隊を含み一一〇〇名）は組織的遊撃戦を展開し、十月十八日主力をもってダルバ、ゴダラモ地区、各一部をもってトドク、ビロー方面に行動を開始した。特に飛行場および陣地施設の破壊を主目的とし、少数部隊毎に潜入、飛行機破壊、司令部急襲、燃料、弾薬などの焼却などに努めた。

㈡　遊撃部隊はあらゆる苦難を冒して一意目的完遂に敢闘した結果、航空部隊の活動と相まってよく敵側飛行場使用を控制《こうせい》し、敵の比島作戦に多大な妨害を与えた。その主な戦果は左のとおりである。

①九月二十五日〜十月六日間ダルバ付近におけるもの
　人員殺傷　約五〇

爆砕　大型電源車一、戦闘司令所、通信施設、迫撃砲一、弾薬多数、被服その他若干

②十月十五日〜十月十九日間ソビー方面におけるもの

人員殺傷　二〇

鹵獲　手榴弾および特殊弾薬

③十月二十日〜十月二十五日間

人員殺傷　約六〇〇

爆砕　掩蓋陣地二以上、十五榴二門、牽引車および乗用車各一、機関銃一

㈢　遊撃部隊は引続き果敢なる斬込、挺進攻撃を遂行し、なかんずく十月二十二日ビロー付近において敵前進部隊約二〇〇を殲滅し、敵に配備の変更を余儀なくさせるとともに、ダルバ飛行場付近に斬込、飛行場の使用を拘束した。

㈣　守田聯隊主力（約一大隊）は大発七、小発三、護衛艇四をもって十一月十五日二十時二十分サリムリを出発、敵に航行を察知されることなく厳しい警戒線を突破し、十六日一時三十分ワヤブラ南方地区に上陸、聯隊長は爾後モロタイ部隊を併せ指揮し、遊撃戦を続行した。

㈤　敵上陸（九月十五日）より十一月二十一日まで（六八日間）に収めた遊撃隊

の戦果は左のとおりである。
人員殺傷　三〇五一（内高級将校四を含む）
鹵獲　迫撃砲二、同弾薬一四箱、手榴弾若干、十五榴二、機関銃一、舟艇五、牽引車一、電源車一、乗用車一、電纜一、ドラム缶二〇〇、木造家屋一一、幕舎八五、掩蓋陣地五、集積所一
わが方の損害　戦死八六、負傷四四、未帰還四

三、第一ないし第三斬込隊の編成装備
(一)選抜した建制一中隊（長以下一二〇名、二小隊編成）
(二)装備　軽機関銃八、重擲弾筒九、手榴弾各人一〇発、爆薬など勉めて多く準備、五号無線一、戦車地雷、鉄條鋏、伐開具など、糧秣二週間分、大発四隻

四、遊撃部隊の任務とその成果
モロタイ島は敵航空基地として比島決戦における重要な戦略的地位を有することは、ペリリュー島とともに最重要性を帯びている。その攻撃成果の成否は全戦局に至大な影響を及ぼすものであるから、遊撃部隊の任務はまことに重大といわなければならない。

ゆえにその遊撃戦指導要領は単に斬込などのみをもってする敵後方の撹乱行

動などに終始することなく、急速に敵飛行場を潰滅させるべきである。

敵の陣地は堅固であるので、その攻撃には威力を要するとともに、特殊な手段をもって突破しなければならない点はペリリュー島における斬込隊と自ら趣を異にするところである。

モロタイ島遊撃部隊は寡少の兵力をもって積極果敢百難を冒し、神出鬼没端倪すべからざる行動により、よくその真髄を発揮し、その任務の十全を果たしつつあり、比島決戦に寄与するところ甚大にして、なかんずく遊撃戦成功の模範であるということができる。

第三　緬甸《めんでん》（ビルマ）作戦における実相

一、松木平特別攻撃隊

アキャブ方面マユ山系以西の敵に対し、松木平特別攻撃隊（歩兵二中隊――一小隊欠、機関銃一中隊――一小隊欠、歩兵一中隊は五〇名内外）基幹は三月四日夕刻マユ山系大隧道を出発し、大樹欝蒼たる密林内を、あるいは転石が多い河床道を通過し、あるいは断崖峻嶺を攀登して敵中を隠密に突破し、三月五日薄暮ゼガンビン東方約三キロの山脚に進出し、各隊を部署した後、夜半敵砲兵陣地および車両集結地を奇襲して奮戦乱闘、遂にこれを撃滅し、十榴級火砲四門を破壊、自動貨車三一両および装甲車一五両を炎上、自動二輪車三両を破壊し、遺棄死体約一四〇を算する戦果を挙げた。敵は側背に多大な脅威を感じ、やむなく後方警備兵力を増強するに至った。

次いで同攻撃隊はブチドン南方地区に位置し、同地域を立脚地として当面の敵撃砕に任じていたが、三月二十二日さらにアウラビン西側高地に突進し、敵背後の蹂躙を命じられた。大隊長は勇躍大隊を率い、二十三日夜敵中を突破し、二十五日五時所命の地点に進出し、折柄タトミンギャン方向よりナケドークを経てシンゼイア方向に退却中の敵歩兵約一〇〇〇、駄馬約四〇〇、砲数門を奇襲し、これに大打撃を与えて潰走させ、爾後ナケドーク南方一・五キロの自動車交叉点東側高地を拠点として擾乱に任じ、この間優勢な敵戦車をともなう歩兵の攻撃を受けたが、よくこれを撃退し、終始敵退却部隊を攻撃して、これに甚大な損害を与えつつあったところ、三月二十八日主力位置に帰還を命じられた。

敵に与えた損害は重砲一門破壊、軽機関銃五、チエッコ機銃五、小銃二〇五、自動貨車五鹵獲、戦車三、装甲車八、自動貨車四五擱坐炎上、遺棄死体四六〇のほか、三〇〇〇の敵の退却を確認し、機を失せずこれを師団に報告してその戦闘指導を有利とした。

二、辻本特別攻撃隊

本攻撃隊（歩兵一中隊と一小隊、機関銃一小隊、工兵一小隊基幹、大隊長以下一一二名）は三月五日二十三時敵第一線を突破し、ノーロンダン、クエラビンガ付近の敵砲兵陣地を奇襲蹂躙し、十五榴七、自動貨車三を破壊し、六日七時三十分帰還した。

三、長井特別攻撃隊

長井攻撃隊は三月六日二十四時友軍第一線出発、七日八時トングバザー東南高地に進出し、敵情捜索の結果トングバザーに敵なく、二三〇高地および二二九高地に有力な敵が集結しているのを知ると、同日夕二二九高地において駄馬約一五〇、歩兵約三〇の敵を急襲潰滅し、八日四時反転し、カゾン付近の敵宿営地を奇襲潰乱した。八時頃装甲車、自動貨車併せて約三十数両が北進して来るのを発見し、部隊は直ちにこれに対し火力急襲し、引続き肉薄攻撃を敢行、これを撃破し、次いで北方に転進、八日十二時攻撃隊は七一七高地に一部を残置し、日章旗を立て狼火《ろうか》（のろし）を上げた後、主力をもってカムウエヤにあった一部の敵を急襲潰乱させ、さらにオクトウ、ウインデイン付近にあった一部の敵を背後より火力をもって急襲した後、九日早朝帰還した。

戦果　遺棄死体七三、駄馬八〇、装甲車六、自動貨車一二破壊、チエッコ機銃五、自動小銃七、小銃二六鹵獲。

わが方に損害なし。

四、井上挺進奇襲隊

(一)　奇襲参加志願者中より適任者を厳選し、左のように編成した。

長　井上大尉

一班　下士官を長とする五名および工兵一名

二班・三班　下士官を長とする四名および工兵一名

歩兵は手榴弾各人八発、工兵は四発、そのほか破壊筒三、破甲爆雷一五、一キロ爆薬三携行。

(二)　行動概要

六月二十八日パレル付近の兵営爆破を企図したが敵に発見され成功せず、この間敵は飛行機を滑走路北方小山の周囲に集結しているのを偵知し、この爆破を企図した。七月一日クデクノウ出発、二日昼間パレル南側に潜入、三日昼間飛行場西南高地脚に潜伏、敵情、地形熟知に勉めた。三日夜飛行場潜入、小山南方一五〇メートルに近接、敵警戒兵の隙を窺い、鉄條網を越え、敵機一三機に対し一人一機爆破を目的とし、これを奇襲し、破甲爆雷を翼と機関部との接着部に装着し、全機を爆砕した。

(三) 本挺進隊成功の主因は準備が周到であったことと、地形地物に通暁したこと、敵の警戒が疎慢であったこと、および月明で部隊の行動が容易であったことである。

五、山田挺進奇襲隊

(一) 編成装備

長　山田准尉

二個班　各班下士官を長とする四名に工兵二名を含む。

歩兵は手榴弾各人八発、工兵は手榴弾各人四発、そのほか携帯破壊筒六、破甲爆雷八を携行。

(二) 行動概要

長山田准尉は六月十八日以来将校斥候としてパレル付近に三回出動し、敵情地形を熟知していた。

二日夜クデクノウ出発、三日アイモルマヤイ、四日パレル南側、五日、六日パレル西北方に潜伏し、周到な捜索の結果飛行場東側高地に兵舎、兵器庫、燃料庫があることを偵知した。

六日二十二時目標に接近したが正面には敵の既設陣地があり、警戒厳重で潜入困難であるのみならず、月光のため企図曝露のおそれがあるので、東方高地上に迂回し、背後より潜入し、敵兵熟睡中の兵舎に爆雷を投じ、その混乱に乗じ破甲爆雷および携帯破壊筒により兵器庫、燃料庫を同時に爆破炎上させた。

(三)　本挺進隊は少数の精鋭下士官を厳選したこと、敵情地形に通暁していたこと、敵の備えがない背後より潜入したことなどが成功の主因である。

六、　渡辺挺進奇襲隊

挺身隊（渡辺見習士官以下二一名、内工兵五名）は六月十九日四時ヌンタック付近出発、二十日六時三三五一高地の敵高射砲陣内に潜入し、歩兵をもって幕舎一五に手榴弾を投込み、これを擾乱しつつ、工兵をもって高射砲の砲尾要部に爆薬を装着、これを完全に爆砕し、引続き敵の本部と覚しき大幕舎に対し爆薬一〇キロを投入、これを爆砕した。

七、前述のように緬甸方面作戦において、絶対的敵制空下奇襲をもって後方軍事施設なかんずく飛行場、砲兵陣地などの破壊および高等司令部の急襲など、敵の指揮中枢の擾乱などにより戦力の減殺並びに軍需物資の補給妨害を図るとともに、戦機を看破し、一挙に敵を覆滅することを可とすることが多く、このため各兵団は常に小部隊をもって遠く敵背後に潜入し、随所において奇襲戦を敢行し、敵に多大の損害を与えるとともに、放胆なる行動により精神的打撃を与えた。

第四　南東方面における遊撃

一、斉藤義勇隊ザガラカ付近の戦闘

(一)　戦闘前における彼我の形勢の概要

①九月二十日以来中井支隊の先遣隊はカイヤビット付近において戦闘中であったが、その状況は明らかではなかった。

二十三日夜敵の一部はマーカム河に架橋し、ザガラカ方向に進入して来た。

②ここにおいて支隊長は義勇隊（斉藤中尉以下五〇名）を森貞隊に配属した。

義勇隊は当時ビリビリより昼夜連続十数日の強行軍で二〇〇余キロにわた

るフィニステルの険峻を踏破し、二十四日二時ダギサリヤに到着し、兵員の疲労は甚だしかったが、志気は極めて旺盛で、森貞隊長指揮の下に八時ダギサリヤを出発、勇躍してザガラカに向った。

③当時ザガラカには森貞隊中村准尉以下三五名（重機関銃二を含む）が警備していたが、その状況は不明であった。

㈡　戦闘経過の概要

①十二時やや過ぎラギツマン東側密林に到着、爾後の戦闘を準備したが当時ザガラカにおいては中村隊が戦闘中であったので、森貞隊長より夜間攻撃を命じられた。

②十七時やや過ぎ、日は西山に没した。ここにおいて十九時準備位置出発、ザガラカに向ったが、当時中村隊はザガラカを撤退した後で、連絡が取れず、かつ敵兵は逐次ザガラカ東側に進入していたようだが、その所在は明らかでなく、さらにこの敵を捜索中、敵照明弾の乱射を受け、かつ天明が近づいたので、やむを得ずラギツマンに帰還した。

③義勇隊長は二十五日夜再びザガラカを攻撃することを意見具申し、森貞大尉の同意を得て準備を行った。即ち中森中尉に敵情捜索並びにラギアング

ンにある中村隊と連絡のため、十四時出発ラギアングンに向い先発させ、主力は斉藤中尉が指揮し十六時ラギツマン出発、ラギアングンに進出し、中森中尉以下を掌握、敵情を偵知し、直ちにルムンに至り、同地において攻撃を部署した。指揮班は中村中尉以下六名、第一爆破班、第二爆破班とともに敵幹部家屋の爆破を目的とし、煉瓦型爆薬二、焼夷筒一および各人手榴弾三を携行した。第一放火班、第二放火班はともに敵露営地の放火擾乱を目的とし、石鹸型焼夷弾および各人手榴弾三個を携行した。

④十八時中森中尉以下三名を攻撃終了後の収容および誘導準備にあたらせるためルムンに残置し、斉藤中尉はその他の指揮班および爆破、放火各班を併せ指揮し、ルムンを出発した。二十二時ザガラカ敵前三〇メートルに近迫し、二十三時攻撃を開始した。

第一、第二爆破班は未だ灯火の下で執務中の敵幹部家屋に潜入、爆薬を装置し、点火すると同時に残余の家屋に対し手榴弾および焼夷弾を投擲し、爆破放火し、敵家屋四棟を破壊し相当の死傷があったが、夜暗のため確認できなかった。

第一放火班は爆破班の作業中ザガラカ西南方山麓ジャングル内に潜入し、

高地脚より約二〇メートル攀登してジャングルに放火し、敵を牽制した。

第二放火班は爆破班の爆破を合図に、ザガラカ敵陣地東南方草原に放火した。

爾後隊長は待避位置において全員を掌握、二十六日二時三十分マラワサに帰着した。

二、小俣義勇隊全禿山付近の戦闘

(一)　戦闘前における彼我形勢の概要

①小俣義勇隊は九月十九日酒井隊配属となり、当初ワンプン付近に位置し、ラム河谷に対する捜索警戒に任じるとともに、随時リホナ、エルテ付近の敵に対し攻撃するため、準備中であった。二十一日「二十歩作命第二三号」により酒井隊とともにカイアピットに向い急進したが、カイアピット作戦は終了し、支隊主力はグルンボ付近に集結した。義勇隊は酒井隊とともに川東隊長の指揮に入り、十月一日スリマ南側高地に陣地を占領した。

②敵は十月四日頃よりスリマ付近陣地正面に現出し、その一部は十月五日全禿山に進入した。

(二)　彼我兵力

㈢

わが軍　小俣中尉の指揮する義勇隊一〇名

敵軍　砲を有する約一〇〇名

戦闘経過の概要

①十月九日十九時川東大隊長より左のような全禿山砲兵陣地爆破の大隊命令を受領し、鋭意準備を整えた。

「歩一作命第一二六号」

第一大隊命令　十月七日一五〇〇　「グルンボ」

一　全禿山は北方より攻撃困難なり

二　大隊は「谷村」「オリヤ」河谷合流点付近を確保し大隊の右側を掩護せしめんとす

三　第二中隊は「オリヤ」河谷合流点以北を閉塞し同地を堅固に確保すべし

四　略

五　義勇隊は一部を以て全禿山の背後より夜襲し得ん如く準備すべし

（以下省略）

②十月十日グルンボ出発、同日十時三十分小池村南側の為貝隊前進陣地に到

着し、同隊長より詳細な情報を聴取し、なお終日前進陣地にあって敵情、地形を捜索後、敵砲兵陣地を確認した。

③十一日十三時前進陣地を出発し、十八時オリヤ河左岸の明瞭な高地中腹に到達した。この高地には敵監視哨（電話線を通じ幅一メートルの道路あり）がある。同夜はオリヤ河支流河口に露営した。翌十二日昼間河谷よりさらに敵情捜索の結果（オリヤ河右岸）自動車道右地区に迫撃砲二門、幕舎八箇所、全禿山高地に迫撃砲（門数不明）を確認した。

左のように攻撃を部署し、日没を待った。

第一組　小俣中尉以下二名　攻撃目標全禿山、幕舎

第二組　綿野伍長以下四名　攻撃目標迫撃砲陣地

第三組　高木伍長以下四名　攻撃目標全禿山砲兵陣地

④十七時四十分暮色ようやく迫り、昼間猛威を振るった敵砲兵も鳴りを静め、戦場一帯寂寞としていたが、各組長以下意気軒昂としていた。

十八時第一組は攻撃を開始し、全般の攻撃のための欺騙陽動を実施し、二十四時頃敵幕舎に近接、その二個を完全に爆破し、約二〇名を殺傷した。

爾後あらかじめ示した第一集合所のオリヤ河左岸河谷に集結した。

十九時第二組が攻撃開始、二十四時迫撃砲陣地に到達したが警戒は非常に厳しく、二〇平方メートルに四名の警戒兵がいたので、約一時間陣地至近距離に潜伏していたが、攻撃の好機に至らなかった。たまたま自動車道を前進する敵自動車の灯火により警戒兵に発見され、約二〇名の敵に包囲攻撃されたが、分隊長以下の沈着果敢なる行動をもって、敵の意表に出て包囲網を突破するとともに、旺盛な攻撃精神を発揮し、断乎強行爆破を敢行し、迫撃砲二門（内不確実一門）および幕舎六個を確実に爆破し、相当の損害を与えた。

十三日六時第一集合所に帰還し、隊長はこれを掌握した。

二十時第三組が攻撃前進を開始した。四時三十分に大爆音を聴取したが、爾後の状況は不明で、十三日十時を過ぎても第一集合所に来ず、遂に収容できなかった。

第一集合所を出発にあたり、全禿山砲兵陣地を偵察したが、昨日確認した砲および幕舎は認められず、また同日全禿山砲兵は一発も射撃しなかったことから判断し、第三組攻撃隊は概ね二十四時過ぎ全禿山山脚に到達したが、時既に敵の警戒は至厳を極め、潜入は容易でない状況であった。しかし分隊長以下よくその責任を痛感し、決死潜入目的を達成し、爾後本隊に合流した。

(四)　死傷者および兵器損耗
①死傷者　なし
②兵器損耗　爆薬三〇キロ、手榴弾四〇発、焼夷剤一

第五　その他作戦における挺進奇襲

一、ガダルカナル島攻撃中、敵の攻勢が熾烈になるに及び、その企図を牽制擾乱する目的で、中澤少尉以下五名（下士官一、兵三）の挺進工兵隊を敵陣深く潜入させた。

(一)　挺進隊は十二月六日薄暮に乗じ、アウステン山第一展望点を出発し、豪雨を冒し荊棘《けいきょく》（とげのある植物）繁茂するジャングルを通過し、敵の間隙を縫い敵情および方位を判定して敵に近接した。

(二)　周到な注意をもって係蹄地雷を排除し、鉄條網を跳越し、九日沛然《はいぜん》たる雷雨の暗夜、雷光により敵の第一線陣地および幕営間を突破し、十日十九時三十分その第二線陣地前ジャングル内に潜伏し、拠点を設けて敵情・地形を偵

察した。

(三) 少尉は単身敵飛行場に潜入し、敵巡察兵の後を懐中電灯を点じつつ場内を偵察し、また友軍飛行機の襲来にあたっては敵照空灯の照射を利用し、豪胆にも敵と肩を並べ、観戦を装いつつ飛行場および付近の施設を観察するなど、三日間にわたり周密な偵察を行い、かつ綿密な爆破準備を整えた。

(四) 十二日十六時薄暮とともに行動を開始し、飛行機二機、大型給油自動車二両、照空灯一基にそれぞれ爆薬を装置し、隊長自ら電灯で一々これを点検し、二十三時六分点火合図とともに自ら大型給油自動車一両に点火してそれぞれ完全に爆砕し、また十数條の通信線を切断して敵を周章狼狽させ、後方擾乱の目的を達成した。

爾後別路により敵情地形を偵察して帰還し、爾後の作戦に貴重な資料を提供した。

(五) 本挺進隊はその人選が良く(隊員中には既往の作戦において砲台、探照灯の爆破に参加した者三名を含む)、隊長の志気は頗る旺盛で部下が心服し、強く団結して隊長が意図するように行動できた。また出発にあたり兵団長の懇切な訓示、恩賜の御酒および御煙草をいただき、一同感激し一死もって必成を期したことは成功の素因となった。

二、ニューギニア島フィンシュハーフェンに上陸した敵に対する舟艇機動

重砲十数門の敵に対し朝兵団は主力をもって陸正面より攻撃するとともに、別に舟艇挺進隊（長　杉中尉、歩兵一中隊基幹、工兵一小隊、大発三配属）による舟艇機動により、十七日二時ソング河口南岸地区に突入させ、主として兵団主力左翼部隊の戦闘に協力するよう命じた。

(一) 十月十六日十七時、基地ナバリバを出発、海岸から三〇〜五〇メートルを前進途中敵魚雷艇と遭遇することなく、十七日二時三十分ソング河口南岸に達した。この日は悪天候で波浪が高く、そのため敵魚雷艇などに発見されなかった。

(二) 大発三隻がほとんど同時に達着した瞬間、猛烈な射撃を受け、約一五名の死傷者を生じたが直ちに砂浜上に跳び降り、敵陣地に突入した。第一突入隊（指揮班　第一小隊）は中央舟艇で上陸、前面の敵陣地に手榴弾を投擲し突入した。次いで斜め左前方に前進しようとすると、弾薬集積所らしきものを発見、これを爆破した。さらに前進中多数の敵の反撃を受け、前

進困難で混乱に陥るおそれがあったので、ソング河左岸に移動することを決め、戦闘を離脱して車道に沿い北上、ソング河を渉った。渡河すると車道西側に砲兵陣地（二門）並びに同東側に一部守兵がいるのを発見、同時にこれを攻撃し砲を爆破、さらに若干前進するとまたもや集積所らしきものを発見し、これを爆破した。さらに一〇〇メートル前進した際幕舎を発見、これを炎上させ、道路東側に集結した。時刻は四時頃であった。この間車道上の電話線（五、六本の束）を数か所において切断した。

黎明頃逐次敵兵に四周を包囲され、死傷が続出したので払暁前に脱出することを決め、西方に向って突破してソング河を渡河し、サ高地方向に西南進した。

このとき部下の数名が重傷を負い、遂に手榴弾で自決した。またこの際敵が追尾して来たが、密林と錯雑する地形のため遂に離脱することができた。小流、地隙に沿い西南方に向い前進継続中、十三時頃敵一拠点の背後に遭遇し、これを奇襲し潰走させた。

敵屍約二〇、わが方戦死二、この日中隊長以下三一名小流地隙内に眠る。明けて十八日天明とともにさらに西進継続中、十時頃約一〇〇名の敵陣地背面に進出、油断に乗じ奇襲して奪取したが、敵は増援を加え攻撃してきたので、戦闘を避け、サ高地に向い転進した。

敵屍約一〇、わが方戦死三、この日終日彼我の銃砲声が轟いた。

こうして十九、二十日と前進を継続し、二十日夕頃ワレオ東方二キロにおいて友軍に遭うことができた。この間彼我の銃砲声により友軍に連絡しようと努力したが、遭遇するのは皆敵兵で、遂に連絡できなかった。中隊長は十八日の戦闘で負傷したため歩行不能となり、担架を急造してこれに乗り前進した。

㈢　第二突入隊（第二小隊）

第一舟艇にて上陸、前面陣地に突入した後、所命のとおり海岸に沿い南方に前進した。高射砲らしきもの三門、ほかに砲二門を爆破したが、爾後多数の敵に包囲攻撃を受け、奮戦したが衆寡敵せず、全員戦死したものと推定される。

㈣　第三突入隊（第三小隊）

第三舟艇は第一、第二舟艇よりわずかに遅れて海岸に達着したが、小隊長以下数名が上陸した際、敵火猛烈で全滅あるのみと判断した艇長は、独断他の位置に上陸させることを決め、海岸を離脱、ソング河左岸河口より約三〇〇メートル付近の断崖に達着して、主力を上陸させた。この際敵の妨害は受けず、小隊長は上陸後小隊主力を掌握し、爾後昼間は密林に潜伏して捜索を行い、夜に入るとともに敵砲兵陣地を攻撃し、高射砲二門、野砲四門を爆破、幕舎その他多数に損害を与え、十九日ボンガに到着した。

(五) 舟艇突入隊の戦果および損害

戦果

高射砲五、野砲八、自動貨車二、弾薬集積所二、糧秣集積所三爆破

機関砲二、機関銃六、小銃一四、自動小銃二〇破壊

損害

戦死七二(内将校三)、戦傷一八(内将校二)

本挺進隊は当初各隊より選抜兵をもって編成する予定であったが、中隊長の懇請によりその中隊を基幹とし、所要の部隊を配属し編成した。その成功の原因は中隊長の旺盛な闘志と、積極的責任感より発する確乎不抜の決心とにより、果敢断行した結果であり、また中隊長平素の部下中隊の統率力が優れており、特に団結が強固で軍紀厳正であることに基因する。そしてその根

基をなすものは徹底した戦場教育にあるということができる。

三、タロキナ作戦初期、敵陣地の捜索および敵陣地強化妨害の目的で数組の挺進部隊（潜入斥候）を派遣したが、これらの部隊はあらゆる苦難を冒して敵陣地深く進入し、敵飛行場設定を妨害し、あるいは砲兵陣地を擾乱破壊するなど、活発な遊撃戦を敢行して敵戦力の減耗を図るとともに、敵陣地の状況を捜索した。

(一) 高田挺進隊（高田見習士官以下一五名）十二月二十六日出発、八〇〇高地、六〇〇高地の中間より敵第一線陣地を突破し、爾後高千穂街道に沿って南下、第一飛行場に潜入し、飛行機二、重砲二破壊、戦車一擱坐、軍需品を二回にわたり破壊し、十二月三十一日マイカに帰還した。

(二) 第一挺進隊（佐藤少尉以下一五名）は十二月五日出発、第二飛行場に潜入、飛行場を破壊し、十二月二十日帰還した。

(三) 第二挺進隊（友成少尉以下一五名）は十二月五日出発、敵第二線陣地帯に潜入、敵砲兵を擾乱した後、十二月十六日帰還した。

(四) 下士官を長とする各数名よりなる潜入斥候を二回にわたり数組派遣したが、二組のみ成功し、他は潜入することができなかった。

㈤　中井隊はマダン西南方地区において多数の挺進、遊撃部隊を派遣して、長時日よく持久の目的を達成した。

四、サルミ地区における雪兵団は、敵の上陸橋頭堡攻撃にあたり左右両地区隊に遊撃戦を併用させ、また第一遊撃隊をもって情報の収集、上陸妨害並びに遊撃戦を活発に実施させ、多大の効果を収めた。

五、サイパン、大宮島（グアム）両作戦においては、敵橋頭堡に対する連続夜襲に遊撃戦を併用し、またわが戦力低減し、なかんずく火砲が全滅した戦況下においては、主として挺進奇襲による敵戦力の漸減および遊撃戦による敵後方撹乱など、敵に多大な損害を与えた。

第六　若干の観察

一、以上主として軍自らその部隊をもって作戦（戦闘）に膚接して行う挺進奇襲および遊撃戦に関し、戦例を紹介したに過ぎないが、これらに関する戦闘指導の要領は広汎であり、特に戦場を外地に求めた場合と国内における場合とにより、著しくその様相を異にする。

兵団以下の部隊はその作戦目的に応じ固有の遊撃隊または臨機編成した挺進部隊などをもって遊撃戦を実施する場合、戦例に見ても明らかなように多くの場合成功し、赫々たる戦果を挙げている。

戦局の様相は今後益々この種遊撃戦の活用を必須とし、精到な訓練と周到かつ綿密な事前準備とにより、その運用の成功を図り、もって作戦全般の成果を有利にしなければならない。

二、この種部隊の編組は一にその目的により状況、特に敵情並びにわが軍の状態により、決定されるべきであるが、敵線を突破して敵中深く挺進する場合には、突破に必要な威力を保持させることを要し、隠密潜行するものにあっては最少人員をもって任じることを可とすることが戦例に明らかである。

前者の場合においては歩兵一中隊、機関銃一小隊を基幹とし、後者にあっては長以下数名を可とする場合が多い。遠大な目的をもってさらに敵軍主力の後方に挺進し、その兵站線を遮断し、交通通信その他重要軍事施設を破壊しようとする場合には、概ね独立して戦闘できるとともに、爆薬資材を携行する必要上、通常戦術単位以上の部隊であることを要する。

三、一般民衆、公共団体などをもって遊撃戦（主として謀略行為）を行う場合においては高級指揮官がこれを統轄し、勉めて組織的に行うと同時に、軍隊指導者に直接これを指導させることを要する。

四、統計的観察

㈠ ペリリュー作戦について

①わが斬込による彼我損害比率は一〇対一ないし二〇対一である。

②挺進奇襲により敵に与えた戦死者はわが兵力の六ないし九割である（概ね一小隊以上）。

（註）わが一〇〇名をもって攻撃した場合、敵の戦死者は六〇～九〇名になる。

③人員殺傷のみを目的とする斬込は、兵力が少ないほどわが損傷比率は小さい。

④人員殺傷のみを目的とする斬込は、人員が少ないほど敵に与える損害の比率は大きい。

⑤斬込は訓練精到でなければ損害が大きく、優秀な幹部兵員多数を迅速に消耗する。

(二)　モロタイ作戦について

①九月十五日～九月二十四日（九日間）
敵損害四〇〇人以上　対　わが損害四一人（即ち一〇対一）
一日平均殺傷四四人

②ダルベ方面　九月二十五日～十月六日（一一日間）　敵損害五〇、わが損害九、比率六対一
ソビー方面　十月十五日～十月十九日（四日間）　敵損害二〇、わが損害四、比率五対一
綜合　十月二十日～十月二十五日（五日間）　敵損害六〇〇、わが損害一、比率六〇〇対一
計（二〇日間）敵損害六七〇、わが損害一四、比率四七対一
一日平均殺傷三三

③敵損害三〇五一人　対　わが損害一三四人（即ち二二対一）
一日平均殺傷四五

(註)　ペリリューにおける彼我損害比率は平均一〇対一ないし二〇対一である。また同作戦の初期は一日平均二〇〇人を殺傷した。特に二組

をもって七〇名を殺傷した戦例がある。

第三章　密林戦の衛生

熱地給養の参考

名古屋師団経理部

一、熱地給養の特質

㈠　熱地の気候給養

熱地の特質は四季別のない酷烈な湿気の永続と単調にあり、日光が直射すると大地は焼けるように、大気は高温となり、ことに海岸地区は湿気に富み、暑熱凌ぎ難く、わずかにスコール、定季風、夜冷などにより、緩和されるに過ぎない。

(二) 熱地における衣食住に関する経理業務の要点は、熱地の特色たる炎熱、湿潤、給水困難、悪疫、害虫などの影響危害を除去ないし軽減することにある。

二、熱地における給養実施上顧慮すべき事項

(一) 給養は一般に確実良好にすることを要する。これは暑熱による体力の消耗が大きく、栄養の欠陥ならびに空腹が体力に及ぼす感作《かんさ》(反応)が特に大きいからである。

(二) 給養実施上顧慮すべき事項は概ね左のとおりである。

①味噌、漬物、米飯などの食習慣を急に変えないこと。逐次変換に対し馴致《じゅんち》することが必要である。

②脂肪を適当に給与し、発散熱量を補充することを要する。

③特種の調理法の工夫を要するものが多い。例えば牛および水牛肉の脂肪は少なく、硬いのは叩いて処理するなど、また果実も野菜的に調理し、代用するなどのように。

④概して植物性食品を多く配食することを可とする。

⑤糖分は豊富に給することを要する。

⑥飲料水は多量に給することを要する。

以上のほか一般的に具備させ、または配合上顧慮することを要する事項は左のとおりである。

①渇きをいやす品種（汁物、野菜、果実のように）
②清涼感を与えるもの（寒天料理、酢の物、レモンのように）
③腐敗しにくいもの（調理、梱包、携行法など）
④消化が良いもの
⑤刺激性に富む食品の混合（胡椒、唐辛子、カレー粉のように）
⑥朝食は特に暑気が甚だしいときはパンのようなものを可とする。

三、糧食品の保存、腐敗防止法

㈠　糧秣の保全には防水、防湿のほか虫害および鼠害を顧慮することを要する。
㈡　罐詰品は一般に長期の保存に堪えるが、開缶すれば腐敗しやすいので、使用直前に缶を開け、かつ中味を煮沸して使用する。
㈢　生卵は木炭灰、籾中に埋蔵すれば貯蔵に堪える。
㈣　野菜類、果実類は塩漬または酢漬とすれば貯蔵に堪える。
㈤　清酒は摂氏一五度以下に保存することを要する。

㈥　糧食品保存のため簡易冷蔵庫を設備し、利用する着意が重要である。
簡易冷蔵庫（土竈《つちかまど》式倉庫）は左記要領により築設する。
①樹陰もしくは地下式に設ける。
②壁を厚い土で覆う。
③扉を二重とし、建付けの部分に毛布または布片を取付ける。
④明り取り窓ガラスには外部に鎧戸を付ける。
⑤上部の空気抜きはなるべく小さくし、防蠅戸を張る。
⑥雨季を顧慮し、丘陵高地などに設置することを可とする。
なお朝五時前後約一時間開扉すれば、終日にわたり庫外より低温を保つことができる。

四、主食の変敗防止と携行法

食物は炎熱とスコールのため、急激に変敗しやすいので、弁当およびその他の携行法には特に注意を要する。

㈠　弁当の防腐に関し、従来実験された成績は左のとおりである。
①使用米の加工法により変敗（腐敗、劣化して食べられない）度に次のような順位がある。

最良（耐久度）

イ　精白米

ロ　胚芽米

ハ　七分搗米

ニ　混麦

ホ　半搗米

②使用米産地などにより左のような差がある。

イ　シャム熟米

ロ　加工玄米

ハ　日本白米

ニ　シャム白米

ホ　日本米圧搾麦混合

ヘ　シャム白米圧搾麦混合

ト　シャム半搗米

③防腐処置の効果より見た順位（最良より）

イ　梅干炊き込み

ロ　飯盒内盒に梅干を載せる

ハ　飯に食酢を混入

ニ　飯盒内盒中に梅干を埋め込む

ホ　普通飯

（註）酢の混入は変敗による酸味と誤りやすい。

④携行法

イ　湿度が特に大きくない限り、飯盒より飯骨柳（飯行李）を可とする。

飯盒より半日位長持ちする。

熱湯で洗浄し、かつ十分乾燥させたうえ使用し、二食分携行のときは一食毎に容器を変えることが必要である。

ロ　飯は軽く入れ（詰め込むと水蒸気の発散が不十分となり、腐敗が早い）、蓋との間に麻布を入れ、凝結水を吸収させると効果がある。

（註）一般に飯盒飯は外側より変敗し、飯骨柳の飯は中心部より変敗する。

ハ　飯盒は背嚢の外部に装着して樹枝などで上を覆い、飯骨柳は乾燥期には網入りとし、肩に掛ける。休憩の際は直射日光に触れないよう注意することが重要である。

ニ　携帯口糧は汗による変敗防止のため、防湿を施した袋に収容して携帯することが重要である。

戦力の保持について　マラリア対策の徹底

「南方地域における作戦に関する観察」昭和十八年十一月大本営陸軍部　極秘

南方地域における地上作戦は概して陣地戦的傾向を帯びた沈黙作戦の継続である。未開の地に繁茂するジャングルはわが進路を閉塞し、その間に発生するマラリアは将兵の体力気力を消磨させる。また東西数百里にわたる戦線は概ね小部隊毎に広正面に分散し、彼我ともに沈黙のうちに経過するのを常とし、時日の経過とともにジャングルに包囲されて孤立感に陥り、あるいはマラリアに犯されて疾病に斃れ、あるいは打寄せる海波と闘って危機に曝されるなど、ややもすれば志気の沈滞を来す虞なしとしない。その当面する戦況が静穏であるために軽視すべきではなく、むしろ敵の準備期間と考えることが必要である。

これは空地より来襲する米濠の実敵と自然の風土とを敵として対陣し、目に見えない熾烈な戦闘即ち沈黙作戦を継続している所以で、形而上下の戦力の培養発揮に特別の注意を払い、確乎たる信念をもって戦闘を指導することの重要性が極めて切なるものがある。

敵は空地より来る実敵アングロサクソンよりも、自然（マラリアを含む）である。南方戦場における敵は米濠兵と称するよりも、熱帯地における自然の克服にあり、なかんずく戦力の消耗はマラリアに因由《いんゆう》するところが最も多い。マラリアにかかると二日間で死亡する。

熱地作戦における一般装備に関する考案

昭和十九年四月　中部第二部隊

熱地における密林地帯の戦闘を考慮し、着意せる考案左のごとし

一、ジャングル通過並びに戦闘のため、各分隊に鉄條鋏、鋸、鉈、鎌各二を装備する。また分隊長以上は携帯磁石、小笛および懐中電灯（赤布を付す）を携行する。

二、水運搬具として各分隊に石油缶一を携行し、各兵は水筒のほか竹筒一を携行する。

三、個人装備

鉄帽　椰子の葉などをもって覆を作り偽装する。夜間は白紙を後部に貼付する。
背嚢　リュックサック型を最上とするが、背負袋でもよい。
外套　防雨外套を携行する。
携帯天幕　支柱は不要である。
飯盒　炊事用として必ず携行し、携行食としては飯骨柳を用いる。
水筒　常に湯茶を充填しておく。水は比較的補充容易であるので、竹筒は炊事用水の運搬に用いる。
毛布　部隊において携行し得る地形においては部隊携行とし、そうでないときは各人毎に巻き、肩に掛け携行する。
防毒面　各人携行する。
消毒包　湿気を防ぐためパラフィン紙などで包み携行する。
防蚊覆面　各人必ず携行する。
腹巻　夜間のみ使用する。
背嚢入組品《いれくみ》は左のとおりである。
　携帯口糧　甲　三日分（できるだけ多くする）

乙　二日分（圧搾口糧を可とする。乾パンは数日で青カビを発生する）

防蚊手套　一

繃帯包　二

携帯燃料　二ないし三個

浄水錠およびクレオソート　若干

マッチ　防湿を完全にする

日用品　日用品袋を支給されるが手拭、ちり紙などは各人必ず携行する。

キニーネ　若干　勤務分遣などにおいても必ず使用し得るよう携行する。

（中隊を離れた場合などに使用する）

地下足袋　乗船時および湿地通過のほかは背嚢に装着する。

四、装具装着にあたっては胸部の圧迫を少なくするよう着意する。

五、将校は前項に準じるが、ジャングル内通過にあたって脚絆は巻脚絆を可とする。

六、将校以下椰子の葉などで蓑を作り、行動間常に偽装する。

（偽装網は行動を困難にするので不可である）

七、救命網（麻紐約一〇メートル）を各人携行する。

（暗黒な夜間行動、輸送中の遭難時などに使用する）

アメリカ兵携行薬品

塩素殺菌錠、フレーザー氏液、ヨードチンキ、アテブリン、スルフォアミート錠、キニーネ、応急手当品、耐水絆創膏、防虫剤、食塩錠

濠洲兵携行薬品

キニーネまたはアテブリン、ヨードチンキ、ウイットフィルド軟膏、重曹、浄水錠、防蚊膏またはクリーム、絆創膏、脂肪石鹸、スルフォアミート錠、応急手当品、足部ふりかけ粉末、食塩錠

熱地教育要綱（衛生）

昭和十九年四月　吉岡軍医少佐

一、熱地の気候の特徴

フィリピン群島、印度支那半島、マレー諸島、南太平洋諸島一円の区域における大部分の海岸および島嶼は海洋性気候が強く、四時温暖で平均気温は台湾南部恒春付近に似ている。また印度支那半島の一部、ビルマ、インド方面は大

陸性気候の影響を受ける。

	東京	恒春	サンボアンガ	ジャカルタ
一月	三・一度	二〇・八	二六・四	二五・六
三月	六・九	二二・七	二六・五	二六・〇
五月	一六・八	二七・一	二七・一	二六・六
七月	二四・五	二七・六	二六・六	二六・一
九月	二二・〇	二七・三	二六・八	二六・六
十一月	一〇・七	二三・六	二六・七	二六・四

その一般的特徴を挙げると、

(一) 年間平均温度差が極めて少なく、四季の別はなく、最低温度を示す時期においても二〇度以下になることは稀である。

(二) 一日の気温の較差は大陸性気候区域以外においては僅少である。

(三) 奥地以外は大気に豊富な湿気を含み、風は弱く、赤道付近には無風帯さえ生じ、生理作用に及ぼす影響は甚大で、戦力減耗の重要原因となる。

(四) 仏印大平原地方、北部フィリピン、濠洲近隣諸島、ビルマ、インドにおいては季節風により乾湿二期に分かれるが、マレー半島、スマトラ東海岸地方はこの関係が明瞭ではない。

各地乾季・湿季一覧

フィリピン群島　乾季六月～十月、湿季十一月～五月
同西海岸　乾季十一月～五月、湿季六月～十月
仏領印度支那　乾季十一月～四月、湿季五月～十月
タイ　涼期十一月末～二月、暑期二月半～四月末、湿季四月末～十一月末
マレー　乾季五月～九月、湿季十一月～三月
北ボルネオ　乾季三～五、十月、湿季十一～一、六～八月
ジャワ東部　乾季六月～九月、湿季十二～二月
スマトラ北部　湿季八～十一月
ジャワ西部・スマトラ西部　湿季六～九月
ビルマ　乾季十一月～四月、湿季五月～十月
インド東部　乾季十一月～三月、湿季六月～九月
インド西部　乾季十一月～五月、湿季六月～九月

(五)　気温が高くなくとも直射日光は激烈で、野外作業は熱地に慣熟していない者にとって容易ではないことを顧慮せざるを得ない。

二、人体に及ぼす影響

熱地は年中高温が持続し、温湿度ともに大きいが、日本人には耐え難くはない。

一般に夜間は涼しくまた島嶼および海岸地方は陸海風により日中の酷暑は凌ぎやすい。しかし四季の変化がない単調な常夏の生活は、内地の風土に慣れた者には時に苦痛となるところ（始め一か月間は概ね三月毎に肉体的にも精神的にも倦怠感、弛緩状態を招来する危険期があり、特に精神薄弱者、神経質の者に強く現れる）があるので、陣中の起居には現地の長所を採用し、また退屈しない生活を指導することが必要である。

高温多湿の環境において体熱の放散、水分の蒸散を妨げられ、ひいては一時的に胃腸の消化減弱、食欲不振、倦怠、睡眠不足を訴え、作業能力低下あるいは精神作用の失調を来す。

年間において戦力減耗防止上留意すべきは雨季で、四囲湿潤のため宿営施設衣類発黴、食物変敗、下痢皮膚病感冒多発、伝染病流行などを招来し、またマラリア蚊の繁殖に好箇所を作り、暍《えつ》病（暑気あたり）の発生が増加する。

三、耐暑能力の弱い者は左のとおりである。動員待命間これを排除し、あるいは保育に特に留意することを要する。

(一)　甚だしく肥満している者

(二)　発汗過多の者

(三)　短時間の劇労により容易に脳貧血を起す者

(四)　心臓、肝臓、胃腸、腎臓、内分泌などの慢性内臓疾患を有する者およびこれらの弱い者

(五)　結核性疾患を有する者

(六)　精神病の素因がある者

(七)　キニーネその他マラリア予防剤の服用により中毒症状を起す者

四、熱地作戦の特徴

(一)　熱地特有の地形地物、気象などの克服利用

(二)　高温高湿下に流行しやすい悪疫などに対し兵力の減耗防止

五、動員待命間の衛生教育および衛生装備

(一)　将兵に対する衛生教育上留意すべき点は左のとおりである。

①熱地の気候およびその克服のためには、志気旺盛にして節制ある生活を行うべきこと。

②暑熱と懈怠《けたい》放縦は相ともなうというような観念を打破し、暑熱により身体の活動性は益々旺盛となり、したがって正しい休養の重要性を会得させる。
③マラリアの感染経路を理解させ、この予防には蚊螫《ぶんせき》（蚊に刺される）防止法、蚊族の撲滅法、予防内服による人体内のマラリア原虫殺滅法によるべきことを、具体的に修得させる。
④衛生法、救急法特に暍病および船舶遭難時の救急法並びにその対策。
⑤赤痢、チフス、コレラなどの経口伝染病の予防法。
⑥その他

毒物および食中毒の対策、防蝿、性病予防、給水法

㈡

衛生上の顧慮より多数準備携行を可とするものは左のとおりである。
①水槽および水筒
水槽は清水の受領および貯水のため、水筒は熱地行軍間適当な水源がない場合の予備として、あるいは船舶遭難の場合に用いる応用材料でよい。
②携帯できる小蚊帳
熱地においては小部隊に分散し服務する場合、あるいは露営用として用いる。

③なた、手斧、中山鋸、木鎌、草鎌、つるはし、円匙などの土工用具（日立、砥石共）、宿営地の排水工事、マラリア予防のための伐採、治水、土地改良などの目的に使用する。

六、輸送間の衛生

㈠　防暑通風に着意する（一坪あたり二・五人以下とし船口解放、甲板に散水、天幕展張を可とする）。
㈡　車内船内の保清（掃除具携行）
㈢　甲板および停車時における運動指導
㈣　予防接種完了、救急法の徹底
㈤　熱地大陸輸送間は感冒予防上昼夜のマスク着装に注意
㈥　入水時には厚着のこと
㈦　給水は飲料水が一日三リットル以上で、熱地においては一五リットル（炊事七、飲用三、洗面うがい一、洗濯入浴四（三日に一度）となる。
㈧　船暈《せんうん》（船よい）
　船暈馴致訓練の実施を要する。なお船暈素養者調査を事前にしておき、これに対する薬物投与を行うことを可とする。

①平素よりの頭の回転運動
②精神的暗示
③呼吸法
収縮姿勢を執り、船体が降下するとき深呼気、上昇するとき深吸気を行い、船体の動揺と呼吸とを一致させる。
イ　臥位の呼吸法
ロ　勤務者の呼吸法（腹帯使用）
ハ　舟艇内の呼吸法
④薬物予防
イ　睡眠剤
ロ　硫酸アトロピン二ミリグラムを三〇分毎に四回分服、既に興奮したときは三〇分または一時間を隔てて二回に分服する。
⑤その他予防法
保健体操（甲板面を四分すればその一区域は約八〇名の訓練を行うことができる）
換気睡眠、読書、アルカリ性食餌（脂食を制限）、空腹および満腹を避け

る、臍部に梅干貼付、酒中等量（煙草は不可）

七、行軍戦闘間の衛生

㈠　行軍にあたっては作戦要務令第一部第三百七に準拠し、準備を周到にし、当時の状況に応じてこれを活用することが重要である。

㈡　熱地においては酷暑による戦力の減耗を避けるため、夜行軍を有利とする点もあるが、一面兵の睡眠時間を減少し、神経を過敏にし、疲労を大きくするので注意しなければならない。

炎熱無風の下に連日行軍を実施するような場合は、夜行軍を適当に挟むことを可とする。

㈢　縦隊の進路および梯団区分を適切にし、行軍の実施なかんずく休憩、給水を容易にする。状況が許せば梯隊の兵力を歩兵一大隊程度以下とすることを可とする。

㈣　負担量は勉めて軽減する。例えば防雨外套などは除き、携帯天幕で代用するなどである。しかし扇子、蚊取線香、湯呑などはこれを携行させる。背嚢は背に密着しないよう藤葉などを間に挟むことを可とする。

㈤　熱地行軍間の飲用水は勉めて節用すべきは勿論であるが、飲量一〇リットル以上に達することがしばしばあり、少なくとも一日一人六リットル以上と計画し給水の準備をすることが必要である。発汗により身体の水分が減少するとともに、塩分を消失し、口が渇き、疲労を増加するので、これを防止するため行程の後半において、飲用水に〇・五パーセント内外の食塩を加えることを可とする。

(六) 行厨《こうちゅう》(弁当)の携行上注意すべきことは左のとおりである。

①炊爨のまま詰換えを行わず携行する。また一部食した残部の携行は避けること。もし詰換えを行うときは飯が冷えた後に行い、容器は清潔で十分乾燥したものを用いる。

②直射日光を避けるよう遮蔽することを可とする。

(七) 行軍行程は普通徒歩行軍においても道路が比較的良好な場合は、一日二四キロであれば概ね連日行軍できる。この際昼間の行軍においては出発時刻を早め、午前中気温が低い間に一日行程の大半を進み、昼間は状況の許す限り長時間の大休止を行うことを可とする。行軍速度は昼間は一時間三キロを標準とし、三〇分ないし四〇分毎に二〇分ないし三〇分の休憩を行うことを適当とする。これらの標準は周到な注意をもって、平素より訓練することによりさらに向上することができる。

(八)　休憩地は給水、通風および日陰を考慮して選定する。日射を受けても通風がよい場所は、日陰で通風がない場所よりよいことがしばしばある。

休憩に移れば速やかに被服の緊縛を解き、体操を実施する。

休憩中であっても暍病が発生することがあるので、みだりに休憩地を離れることを禁じるべきである。

夜間の休憩中はマラリア蚊、毒虫などに対する予防の処置を講じることが必要である。

(九)　炎暑下においては機械化部隊にあっても乗員の疲労は大きく、注意力が減退して眠気を催し、また機関の加熱とあいまって暍病を発することもしばしばある。このため勉めて防暑休憩の処置を行うことを可とする。

(一〇)　炎熱下の戦闘においては累加する疲労のため体力の減退が特に速く、また記憶力の鈍磨、判断の錯誤を生じることが多い。このため命令はその程度、時期を考慮して、要点は筆記して交付し、実行を確認する手段を講じる必要がある。またこの際体力の維持増強のため戦力増進剤、疲労回復剤などを活用する着意が必要である。

㈡ 暑熱時には短時間の激動によっても呼吸困難、心悸亢進、胸内苦悶を来し、突撃以後における戦闘に余力を残すことができない場合がある。このため第一線歩兵は攻撃開始後における行動の躁急《そうきゅう》を戒め、疾走にともない呼吸の促進を調節する着意を要する。それには平素より深呼吸疾走などを演練しておくことが重要である。

㈢ 酷熱時において戦闘行動を行う場合連続装面を許す限度は気象状況、行動の数否により異なるが約二時間で、さらに軽防毒具を装着するときは約三〇分、全防毒具においては約一五分である。この疲労を減じるためには状況の許す限り装着時間を短くし、あるいは行動を緩徐にし、あるいは長時間の装着を要する場合は、短時間であっても脱するなどの着意が必要である。特に軽防毒具、全防毒具を装着するときは灌水《かんすい》(水を注ぐ)、日除け装着などを行い、直射日光の影響を少なくすることが重要である。

八、熱地の宿営

㈠ 宿営地の選定は作戦要務令第一部第三百三十三および第三百六十六によるが、特に通風排水が良好な所に着意するとともに、悪疫の発生地例えばペスト斃《へい》鼠《そ》が発見された地および山脚・沼沢・湿地・藪林のように蚊が特に発生する付近を避ける。河川付近においては蚊の発生とともに往々増水氾濫の虞がある。椰子林、ゴム林などは概して土地乾燥し、排水良好で露営地に適する。

㈡　土人との接触を防止する。やむを得ず土人部落内に宿営するときは、土人の集団隔離を行うことを可とする。

㈢　一地に長く滞留するときは、特に衛生上の諸施設を十分設ける。この際は住民地の宿営を避け、自ら宿営設備を行うものとする。

熱地における宿営設備のため着意すべき事項は左のとおりである。

①建物の方向は一般に長軸を東西とするが、その地の恒風に留意し、通風を良好とするよう窓の配置を考慮する。樹木により日射を妨げるのを可とするが、建物に密接させないようにする。

②排水の設備を完全にする。土地の乾燥のためには宿営地周辺に深い壕を繞《めぐ》らせ、状況により暗渠を設ける。あるいは敷地に盛土を行う。排水溝はなるべく深く掘り、底部を狭小にし、水を滞留させないことが必要である。

③床を高くし、床下の通風、採光、乾燥を容易にする。このため床下に小窓を設けることがある。また床下と天井裏とを簡単な通風筒により連絡し、

通風を図ることがある。また防湿のため床下に砂、乾土を盛ることがある。床がない場合には速やかに応用材料をもって揚床とし、あるいはカヂヤシ、アタップのような樹葉、樹枝、竹などを敷き、直接地上に臥すべからず。

④屋根あるいは天蓋は高くかつ防暑のため二重とすることが有利である。二重屋根の間隔は概ね一五ないし五〇センチとし、頂上部に通気孔を設ければさらに有利である。また緑葉にて覆うことも可である。

⑤蚊その他害虫類の侵入を防ぐため、できれば窓、入口などには網戸を設け、また防鼠設備をなすことを適当とする。網は緊張して張るときは弛緩したときより通風は良好である。

㈣一人占有面積は状況の許す限り大きくし、二坪に三人程度とする。幕舎にあっても一人半坪以上を与え得れば可である。

㈤マラリア、デング熱、フィラリアなどの予防のため蚊帳、燻煙剤などの使用を厳重に励行し、蚊の発生を防止する着意が重要である。

㈥入浴の設備は状況の許す限り施設することを要する。しかし必ずしも温浴であることは要しない。随時水浴できれば適当である。

㈦厠は位置および設備に注意し、特に水源を汚染しないよう、また糞便を被覆し、あるいは消毒し得ることを要する。土民部落では糞便を河川に排棄する習慣があるが、水源汚染および伝染病蔓延の顧慮から適当でないので、一定の地を定め埋没させることを可とする。特に蝿の発生に留意し、排便の都度糞便を被覆させ、あるいは便壷に蓋をするなどの着意を必要とする。

(八) 厨芥その他一般の廃棄物はこれを地下深く埋没するか、あるいは消毒乾燥の後焼却する。汚水は一定の地域に放流して蒸発させるか、あるいは土地に吸い込ませることを適当とするが、流下途中に停滞させないよう注意を要する。

(九) 雨季においては被覆類の乾燥所（兵員三〇～四〇名につき四坪）を設ける必要がある。換気良好な地点を選び、火気を用いて乾燥する例がある。

九、熱地の給養

給養上最も重大であるのは体力の消耗の補給十分および将兵の嗜好に適すこと、および糧秣の変敗を予防することである。特に着眼事項を述べれば左のとおりである。

(一) 総熱量

(二) ビタミンおよびカルシウム

(三) 脂肪

㈣ 医渇（のどの渇きを抑える法）
㈤ 調味料（食欲増進策）
㈥ 変敗防止（食品防腐法）
㈦ 現地物資の利用（有毒果実鑑別法）

一〇、熱地における主要疾患

㈠ 熱地の主な疾患は左のとおりである。

①マラリア　西南太平洋、比島、マレー、ビルマ、濠北、支那大陸、南支
②コレラ　ビルマ
③ペスト　ビルマ
④デング　比島、マレー、ビルマ
⑤脚気　濠北
⑥チフス　支那大陸
⑦赤痢　支那大陸

㈡ マラリア

①マラリア媒介蚊とデング熱媒介蚊の区別
マラリア媒介蚊　種類　はまだらか（アノフェレス）

発生場所　山脚地帯の清流、清水を好むが種類により溜水、濁水、海水を混ぜるところにも生育する。
趨勢　昼間および灯火により明るい所で人を刺す。
デング熱媒介蚊　種類　ねったいしまか、ひとすじしまか
発生場所　汚濁腐敗の溜水、用水桶、空瓶、手水鉢、空缶などの水中に生育する。
趨勢　夜間人工光に集まる、日没直前より夜間に人を刺すことが多い。

一一、マラリア予防要領
㈠部隊マラリア予防法
①マラリア予防識能向上策
イ　熱地作戦におけるマラリアによる惨害を認識させる。特に幹部教育に重点を置く。
ロ　マラリア予防教育は個人的予防法のほか集団的予防法も徹底させる。
②予防計画
地形、気象およびマラリア浸淫《しんいん》度（流行の程度）など現地の実情に即した予防実施計画を立案し、予防資材の整備およびその活用に勉める。

③防瘧《ぼうぎやく》（隔日または毎日時を定めて発作する熱病）軍紀の厳正保持

イ　防瘧命令の徹底とその服行確認。

ロ　予防内服薬の確実な服用およびその確認。

ハ　予防内服薬の個人携行の検査、特に作戦開始前の軍装検査時の必須事項とする。

ニ　部隊用（個人携行）防蚊資材の尊重、愛護並びに補修などの検査。

④宿営地選定上の要件

イ　蚊が発生しやすい沼沢あるいは水源水系より隔てた位置（一・五キロ以上）に選定。

ロ　マラリアに浸淫している土人部落より可及的遠距離（一・五キロ以上）に選定。

ハ　前項の距離が困難なときは風上を選定する。

ニ　土地高燥地を可及的選定する。

ホ　厩舎、厠、浴場の施設、位置を防蚊的に考慮する。

⑤兵舎内の防蚊施設

兵舎の防蚊装置（窓、出入口の防蚊網）を整備する。

⑥宿営地内外の防蚊工作
イ　マラリア蚊の状況、地形および気象などの状況にもとづき、実情に即し実施する。定期的に防蚊工作実施後の状況を巡察し、所要の改善向上に勉める。
ロ　藪、雑木などの伐採、雑草、樹木下枝の刈取などの実施。
ハ　ユーカリ樹、せんだん、ニム樹、ラヘンダ樹などを保護し、これらの植林に勉める。
ニ　治水衛生工作
排水路の築造、小流の浚渫、湿地の埋立、水溜に石油製剤の撒布、パリスグリーンなどによる幼虫の駆除、鯉・鮒・めだかなど蚊類捕食魚類の飼育。
⑦対原虫工作
イ　定期的に部隊全員の原虫検査を実施する。
ロ　原虫保有者に対する強制服薬。
ハ　マラリア患者の早期入院、隔離の励行および後療法の徹底的実施。
⑧給与、休養の適正

兵が過労に陥らないよう、かつ熱量十分な給養を行い、兵の体力保持増強に勉める。

㈡　個人予防法

①予防内服法　この方法は戦闘間における唯一の有効な予防法である。将校以下一兵にいたるまで全員確実に実施する。

服薬法

第一法　毎日硫規〇・三（塩規〇・二五）連用、毎一〇日ヒノラミン、プラスモヒン〇・〇二服用

第二法　毎日アクリナミン（アテブリン）〇・二に加え、毎一〇日ヒノラミン〇・〇二服用

第三法　ヒノラミン〇・〇三、硫規〇・九を一日量とし、一日に三回毎食後服用すること一〇日間連続、またはアクリナミン〇・三を一日量とし、毎食後服用を五日間連用

予防内服開始の時期は危険地に接するとともに始め、危険区域を脱してより四～六週間持続する。

予防内服薬は兵器と同様に尊重させ、各人に確実に携行させる。

②蚊螫防止法
マラリア予防常識として部隊将兵一同が常に実施すべき方策である。
イ　蚊帳、防蚊手套、防蚊覆面などの確実な携行および的確な使用、特に夜間勤務者は防蚊手套、防蚊覆面の使用を確実にする。
ロ　薄暮より必ず長袴、長袖襦袢および靴下などを装着する。
ハ　防空壕、その他蚊帳を使用できない場合は、燻煙または薬液噴霧などを実施する。
ニ　防蚊膏、防蚊油は夜間勤務者に適時使用する。
ホ　入浴および排便は可及的昼間に実施する。
③蚊族殺滅法
各兵に徹底的に教育し、この実施を習性化させるものとする。
イ　空容器、空缶、空瓶、椰子殻、樹木腐蝕洞穴、芭蕉葉の落液部の凹み、地上の穴、古井戸など一切の溜水を除去する。
ロ　蚊の繁殖、潜伏しやすい草、竹、切株、シダ、叢林などを伐採除去する。
ハ　散兵壕、防空壕などの溜水に注意し、排水を良好にする。または石油その他の薬物を撒布する。

ニ　溜水あるいは低湿地における排水および土地の浄化に勉め、凹所、古井戸などを埋没する。

ホ　水槽、水樽その他貯水器の保清に勉めるとともに、天幕などの弛みなどにも溜水を生じないよう勉める。

ヘ　手による成虫の撲滅。

現地給養諸品の特質と喫食対策

昭和二十年四月　鯉第五一九一部隊

一、主食

主食のみについて見れば一般代用食（サゴ、タピオカ、甘藷、コプラ）は精米に比べて蛋白質が著しく欠乏する。即ち精米八〇〇グラムはそれのみで蛋白質約六〇グラムを含有するが、サゴ、タピオカ（キャサバ）、甘藷、コプラなどを合わせて一五〇〇グラム摂取しても、精々二〇グラムほどに過ぎない。したがってこの欠点を除くためには副食物について選定上十分注意を要する。

現在までのところ精米の減少にも拘らずサゴ、タピオカ、甘藷などの取得補給は十分にできず、この熱量の不足を補うためには主として脂肪性食品のコプラを増す傾向が各隊に見られた。某隊では給与カロリー全体の半ば以上をこれによって満たすこともあるという。油脂は高熱量食品なので、カロリーを満たすには都合がよいが、体内燃焼に支障を来しやすく、特に同時に摂取する炭水化物の量が少ないとき、その障害が強いので、コプラをあまりに増量することは誰もが懸念するところであった。しかし椰子油は性状がバターに似ており消化、燃焼も良好なので害は少なく、今までの経験に徴しても炭水化物と等量位までに増しても、特に障害はないと考えられる。

大体において著しい胃腸障害などを起すことがなければ、脂肪食を増すことはむしろ望ましく、脚気予防上も極めて効果的である。しかし今後タピオカ、甘藷などが多量に収穫されるようになれば、脂肪食過多の問題は自ずと消滅して、かえって炭水化物過剰による障害として、脚気の発生を警戒しなくてはならない。

なお、タピオカによる青酸中毒に関しては従来しばしば注意を喚起したところであるが、今後いよいよ本式に主食に供するようになれば、その危険性は益々大きいのであるから、青酸除去法については万全の策を講じるとともに、一兵に至るまで十分に理解させ、過失による徒な犠牲を出さないようにすることが肝要である。

二、副食

副食の意義は単に嗜好上主食を食べよくするばかりでなく、主食に欠けた栄養素を補うことが第一義である。前述の主食による蛋白質の欠乏を補うことは現地自活における最も重大な問題であるが、これは勉めて動植物性蛋白質の適当な組合せによらなければならない。植物性蛋白質では豆類に最も豊富で、特に大豆は蛋白質補給源として適当であって、そのまま食しても、また豆腐にしてもよいが、これは主として後方補給に依頼しなくてはならず、現況においては多くを期待できない。現地で作り得るものとしては緑豆、長豆、落花生などがあるが、皆蛋白質のみでなく、ビタミンBにも富むことから、勉めて多量に栽培すべきである。しかしながらこれらを除いては植物性食品で蛋白補給源として適当なものが見出し難いので、何としても動物性蛋白質を相当量摂取する必要がある。しかも獣肉、魚肉ともにその蛋白質は非常に優れているから、これを適当に補給すれば蛋白質の問題は解決される反面、蛋白質の過剰摂取も特に熱地ではその障害が著しく、各種疾患の誘引となるものであるから、一時に多食することは慎まなければならない。その例としてはある地区で鹿が多数獲れ、一日に一人あたり一キロ以上も摂取させたことがあったが、その結果は病名不祥の患者多発の傾向があって、体重もかえって減少するという現象を呈した。即ち蛋白質の一定量は非常に大切であるが、度を越せば毒になると考えるべきであって、むしろ少量を常に摂取することが必要なのである。この意味において獣魚肉を多量に獲得したときは、一時に消費することなく乾物、燻製、塩辛などにして保存し、欠乏時に廻す着意がなくてはならない。獣魚肉（生肉として）一日一〇〇グラム程度（蛋白質約二〇グラムに相当）を持続補給すれば特に蛋白の欠乏を来すことはないであろう。

蔬菜類は一般に熱量には乏しいが、ビタミンA、B、Cを比較的多量に含有し、かつカリ、石灰分などの必要な塩類に豊富なので、保全素（蛋白質、無機質、ビタミンの三種）供給源として重大な意味を持っている。これに加えて蔬菜類に多い繊維は便通を調整する上に大きな役割をなし、南方で特に多い便秘による恐るべき健康障害を防ぐものである。したがって果実類とともに蔬菜類は勉めて多量に摂る方がよく、一日七〇〇グラムないしそれ以上に達すべきである。

三、喫食法

(一) 食事回数の調節

代用主食の甘藷およびタピオカなどについて見ると、調理した状態においてもなお同熱量の米飯よりも量張《かさば》る傾向があり、比較的早く満腹感を起しやすく、空腹感を覚えることもまた早いので、われわれの食事習慣である一日三回法は多少無理があるように思われる。副食物についても繊維に富んだ野菜類を多量に摂取する必要があるので、同様な結果となり、したがって今後の徹底的自活体制においては今までの三食法に限定せず、一日数回に分食するのが適当であろう。これには従来の三食のほかに適宜間食を与えるのがよい。このように分食することは単に食べやすいというだけでなく、胃腸の過労を避け消化吸収度を高めるなど熱地衛生上極めて合理的な方法である。

(二) 調理

食物を消化されやすい状態にすると同時に味覚によって食欲を増進させ、一層消化吸収をよくして、食物の利用価値を極度に高めることを目的とするのであるから、これに対しては勉めて工夫を凝らして、単に形式的に流れないようにしなければならない。大体において一般の嗜好に適し、美味しく食べられるようにすればよいのであって、あまり難しい理屈は不要であるが一、二の注意を必要とする。

甘藷や蔬菜類が多くなるとカリ塩が増すので、これを中和するために比較的多量の食塩を要するのであって、これは自ずと嗜好が塩辛好きになるはずである。次にビタミン類や必要な塩類を失わず摂取するためには野菜類は煮過ぎたり、または煮汁を捨てたりすることのないように勉めなければならない。ただしこれはよく知られた無害の蔬菜類についてであって、有害なタピオカや各種野草類についてはビタミンや塩類などにあまり拘ることなく、それらの含む毒分や不快な味を除去するためには十分な湯煮などの処置を講じるべきことは勿論である。

㈢　咀嚼

各種の代用食を摂取するにあたっては、それらの中には栄養価は相当あるが、消化し難いものが多いので、一面調理法を工夫すると同時に、十分に咀嚼して極力その利用価値を高めなくてはならない。例えばコプラ、豆類、各種の野菜などはこれをよく咀嚼して食するのとそうでないのとではその栄養価値に大きな差が出てくる。

(四) 結言

由来日本武士の強みは物質を超越した精神力の昂揚にあることは、何人《なんぴと》も疑わないところであるが、これは物を無視して精神力のみを強調するのではなく、時に応じて幾日間も飲まず食わずの忍耐と、頑張りを遂行するには必ず平常において十分に心身を養っている必要があり、「腹が減っては戦にならぬ」という極めて卑俗な文句の中にも、味わうべき一面の真理を含んでいることを見逃してはならない。軍隊における給養は人的戦力保持という点において、実に重大な意義を有しているのであって、われわれは栄養に関する一応の知識と十分な理解をもって、この問題に対処する必要がある。

最近における兵団一般の給養並びにそれにともなう体力の消長は前述したような有様であって、これは状況上まことにやむを得ないものがあるが、まだ各隊において特に栄養障害に基因すると思われるような、著しい疾患の現れていないことをむしろ幸いとしなくてはならない。

未だ収拾の余地なきに至らない現在においてこそ、徹底的対策を講じ、人的戦力充実のため万全を期さなければならないのである。

ここにおいて現下栄養増進上の健兵対策を要約すれば概ね次の三項目に帰し得るであろう。

①現地自活の強化徹底

昨年後半期以後各隊の真剣なる努力により、現地自活は現在漸くその体制を整えつつあるが、従来の栄養低下を恢復するためには未だ決して十分とは言い難く、一部の成果や机上の計算に満足することなく、十分な量と適当な質の食料確保のために引続き邁進しなくてはならない。

②給養の栄養科学的合理化

われわれが食用に供し得る素材を有効適切に活用し、その栄養的価値を最高度に発揮させることが大切である。さらに各自の創意工夫を加えて給養の積極的合理化に徹底しなければならない。

③給養と兵業の調和

現況においては未だ兵業（軍隊における活動領域）に応じていかほども給養を豊富にすることはできないので、少なくとも当分は状況の許す限り兵業を加減して体力の消耗を避け、人的戦力の充実を図ることが肝要である。

附表一　某部隊における月別体重・栄養価比較表（昭和十九年六月～昭和二十年二月）

昭和十九年六月	体重五七・三〇	栄養価二六七〇	
七月	体重五七・七四	栄養価二八二一	患者数一二七名
八月	体重五六・二五	栄養価二四七四	患者数九七名
九月	体重五五・六四	栄養価二一五〇	患者数九三名
十月	体重五三・九八	栄養価二三二四	患者数八五名
十一月	体重五三・九二	栄養価二一五〇	患者数一〇四名
十二月	体重五三・五七	栄養価一七三九	患者数一〇〇名
昭和二十年一月	体重五三・〇四	栄養価二〇三二	患者数一二八名
二月	体重五三・四九	栄養価一九五〇	患者数一五九名

附表二　精米および各種代用主食一〇〇グラムの熱量および栄養素配当概数

精米　蛋白質七・五〇、脂肪〇・六〇、含水炭素七六・〇〇、総カロリー三三〇・四八

サゴ澱粉　蛋白質〇・五五、脂肪〇・〇四、含水炭素八六・〇〇、総カロリー三

タピオカ　四八・一六
蛋白質一・〇〇、脂肪〇・三〇、含水炭素三三・〇〇、総カロリー一三五・二九
甘藷　蛋白質一・八六、脂肪〇・三七、含水炭素三〇・一九、総カロリー一二八・二五
里芋　蛋白質一・七八、脂肪〇・一四、含水炭素一四・〇四、総カロリー六二・八六
コプラ　蛋白質四・五〇、脂肪四三・〇〇、含水炭素五・〇〇、総カロリー四三六・五〇

附表三　精米六〇〇グラムに相当する熱量を得られる精米と代用主食組合せ例
一例、組合せ食品名および量
精米二〇〇、サゴ八〇、タピオカ三〇〇、甘藷三〇〇、コプラ一〇〇
蛋白質二八・五二、脂肪四六・二四、糖質四一五・三七、総熱量（カロリー）二二五八・三七
二例、組合せ食品名および量

精米一〇〇、サゴ八〇、タピオカ五〇〇、甘藷五〇〇、コプラ一〇〇
蛋白質二六・七四、脂肪四六・九八、糖質四六五・七五、総熱量二三五四・九七

三例、組合せ食品名および量
精米五〇、サゴ八〇、タピオカ六〇〇、甘藷六〇〇、コプラ一〇〇
蛋白質二五・八五、脂肪四七・三五、糖質四九〇・九四、総熱量二六五二・二七

備考一、蛋白質を主副食合わせて六〇グラム以上とするため、副食を工夫する必要がある。

主な副食品の一〇〇グラムあたり蛋白質含有量は左のとおりである。

豚肉一二・八一、味噌一二・五六、豆三六・七二、雑魚一四・三四、鰯目刺二九・二〇

二、利用できるその他の熱帯産食物
タロ諸、山藷、パンノキ、ココ椰子、ガリップナッツ、原住民菠薐草《はりようそう》（ほうれんそう）、クム、ピットピット、ウオーターヒヤシンス、パンダナス、アイラナット、タン、ローヒーなど

比島作戦において尚武集団の得た戦訓（衛生）

昭和二十年六月　鯉軍医部

一、今次空襲の実績を鑑みると、鬼畜米機は赤十字標識が明瞭な病院を公然と目標とし、惨忍な暴挙をあえてしつつある。病院などは人員が集結しているので、非人道的戦果を挙げようとし、この暴挙に出たものと認められる。

二、爆撃に対し「病院はまさか」とか「まだまだ」などの楽観は、敵米を相手としては全く思わない失敗を招くことになる。制空権が敵手にある時は万難を排し、洞窟病院を建設しなければならない。

着手順序は先ず発着部（収容後救急処置を行い、要すれば夕刻病室に搬送し得るまで収療しておける程度）および毎日要処置戦傷者の病室を逐次補充することを可とする。

三、規模は自隊員および患者全部を収容し得る洞窟病院でなければならない。

資材は全部洞窟内に組合せ式分散集積をしておくことを要する。

建物は夜間使用し得ることもあるが、常に爆砕を予期し、建物内に必要品を残置しないことを要する。

四、洞窟壕であっても速やかに入口を補強することが重要で、また入口付近に待避するのは適当でない。壕入口の崩壊により埋没死を出した例が多い。

なおこの洞窟内に十字鍬および円匙を備付けて置くことが重要で、これにより掘開し、壕内待避者は事なきを得ることができる。入口には埋没時に外気の交流と、壕外と交話し得るよう、鉄管を準備しておくことが重要である。

五、自動車、偽装が悪い壕あるいは陣地、移動する者（人馬、煙、堆荷など）は直ちに攻撃目標となる。偽装は敵機に対し絶対に必要である。

六、敵機に対し不注意で一人でも発見されたり、動くものがあれば、次回爆撃の端緒となることに注意しなければならない。

七、患者の待避には指揮官を定め、また待避区域および待避壕を指定し、整斉と実施することが必要である。患者は想像に及ばない遠方まで勝手に待避するものである。

八、制空権を有する敵に対し防御作戦を敢行する余儀がない場合には、野戦病院などの開設に際してはやや離隔した地点に予備陣地を構築して置き、敵砲爆撃の際急遽移転を可とすることがある。

九、第一線陣地構築に際しては、比較的安全に救護し得る救護所を構築しておくことを要する。

一〇、敵が五、六〇〇メートルに接近すると威嚇射撃をしてくる。これに応戦したときは速やかに壕内に待避することを要する。わが小銃一弾に対し敵は二、三〇発を迫撃砲で反撃するのを通常とする。しかし敵兵が一〇〇メートル以内に接近した場合は迫撃砲の射撃はない。

一一、戦況が深刻苛烈となるにともない、衛生材料の愛護に関する観念が低調となっている。特に部隊の移動後退などの際においてそうである。衛生材料は衛生部員にとって最も重要な兵器である。衛生材料なくして任務はない。衛生部員の衛生材料を残置するのは砲兵が大砲を置き去るのと同じである。現在根拠地に集積した衛生材料は敵潜水艦、敵機の間隙を縫い、漸く到着したものの一部で、ルソン作戦後は敵砲爆撃の洗礼を受けながら、自動車、ガソリン欠乏の中を血みどろとなり、輸送したものであることを銘記しなければならない。

一二、衛生部隊の転進にあたり、衛生材料より糧秣を重視した例がある。戦況には各種階程があるが、糧秣は現地においてなんとか収得することができるものの、衛生材料の現地自活は極めて困難で、長期間かかることを忘れてはならない。

一三、リンガエンに上陸した敵を撃砕し、多大の損害を与え、感状を授与された旭兵団中馬部隊の衛生部員は、第一線戦傷者の処置に奮迅し、敵の重囲を脱して本隊に収容されるときも、背負嚢内の私物品を総て放棄し、緊急戦傷用材料を収納して後退し、その後三週間にわたり部隊員治療に支障がなかった。これをもって模範とすべきである。

一四、兵力のレイテ転向にあたっては揚搭作戦を迅速に行うため、あらかじめ二枚の三角布の底辺を縫合わせ、風呂敷としてこれに戦傷用緊急材料を包み、背負うことにより良好な成績を挙げたが、地上移動に際してもこのような個人携帯法は最も確実な方法であるから、必ず励行しなければならない。

三角布はそのまま繃帯材料となり、縫糸は消毒滅菌すれば結紮《けっさつ》糸に使用できる。

一五、ある程度後退を予期するような作戦においては、第一線大隊衛生部員は衛生材料を隊送扱より取出し、各人携帯の方策を講じることが重要である。そうでなければ後退に際し、輸送不能を理由として残置または焼却のやむなきに至ることが多い。

一六、衛生材料の個人携帯には背負嚢式を最適とする。山嶽戦において特にそうである。

一七、砲爆撃の熾烈な戦線においては、手術用天幕の建設などは極めて至難である。この輸送が困難な場合、手術用天幕を背負嚢に改造するのは一案である。しかしこのような制式品の改造にあたっては、軍医部長の認可を得ることが必要である。

一八、砲爆撃下において衛生材料は洞窟内分散集積を最良とする。やむを得ない場合であっても地表面より低位に格納することを要する。この際防湿防雨に関し工夫を要する。防雨のため屋根の角度は四五度を最適とする。

一九、防御作戦においては時機に応じた頭の切換に徹底することを要する。即ち状況に応じ患者に対する観念の切換、物の価値転移に関する先見と対応策、例えばガソリンが無くなった時輸送具の準備、電気が無くなった時電気器械に代わるべきものを工夫するというようなことである。特に指揮官は機を見るに敏にして勇猛果敢なる実行力が重要である。指揮官が有能な衛生部隊の処置は迅速的確で、指揮官が有為な軍隊は強しの戦訓を切実に痛感する。

二〇、昼間の炊事について無煙並びに火焔の隠匿には左の創意工夫を要する。

㈠　十分乾燥した薪を用いること。

(二) 掩蓋壕内に竈を作ること。

(三) 煙突は斜面に溝を掘り、青草あるいは木板、丸太などで掩蓋したものを可とする。長さ三〇メートルに達すれば十分である。

二一、建物を放棄した作戦となれば日本人の習癖として野糞を好み、猛烈な蝿の発生を起し、また白紙が散乱し、防疫上および対空上遺憾である。早期に夜戦便所の指導を要する。

二二、重症マラリアにて戦場で頓死した者の大部において、兵の遺留品中に服用しなかった予防内服用錠剤を発見した。的確な服用に関し幹部の一層厳重な監視監督を望む。

二三、衛生材料の逼迫は逐次深刻を加えるが、これの愛惜に勉めることを要する。

参考例

(一) 乾麺麭の空袋を回収し滅菌ガーゼに利用する。

(二) 従来放棄した食獣の骨を骨粉とし、食させてカルシウム補給に資する。

二四、独歩患者の掌握困難な時、食事を握り飯とし、あらかじめ給与時刻および場所を示しておき補給するのは一案である。

二五、担送患者が多く、この自動車輸送に困難な時、座位患者の輸送を優先とすることを予告すると、真の担送患者を減少することができ、順調に進んだ例がある。この際軍医は輸送区分を的確に決定し、悪者を掌握する力量を要する。

二六、給与の低下にともない、衛生材料中外観が菓子に類するもの、あるいは栄養剤の盗難が多発するので管理上注意を要する。み号剤、航空用ビタミンB球、高張糖衣など。

二七、縦深陣地配備における軍需品の保有量は徒に従来の保管区分によることなく、前方をやや減量し、この補給は少量ずつ頻繁に実施することを可とする。命令により撤退する場合において特にそうである。

二八、後方において部隊転進時に衛生材料の携行に対する熱意が乏しく、到着後厖大な装備材料を請求する部隊があり、本務遂行に支障を来たした。

二九、物量を恃む米鬼であってもキニーネ剤は皆無である。如何なる場合であっても絶対に敵手に渡らないよう注意を要する。

三〇、移駐に際し他兵団（部隊）に衛生材料を譲渡するにあたっては、相互立会いの下に行うことを要する。現物が宙ぶらりんとなって敵手に渡ったと推定される例がある。また戦況切迫した時期に実施しようとして相手方に迷惑を蒙らせる例がある。

NF文庫

復刻版　日本軍教本シリーズ
「密林戦ノ参考　迫撃　部外秘」
二〇二四年七月二十三日　第一刷発行
編　者　佐山二郎
発行者　赤堀正卓
発行所　株式会社　潮書房光人新社
〒100-8077　東京都千代田区大手町一-七-二
電話／〇三-六二八一-九八九一(代)
印刷・製本　中央精版印刷株式会社
定価はカバーに表示してあります
乱丁・落丁のものはお取りかえ致します。本文は中性紙を使用
ISBN978-4-7698-3366-6　C0195
http://www.kojinsha.co.jp

NF文庫

刊行のことば

第二次世界大戦の戦火が熄《や》んで五〇年——その間、小社は夥しい数の戦争の記録を渉猟し、発掘し、常に公正なる立場を貫いて書誌とし、大方の絶讃を博して今日に及ぶが、その源は、散華された世代への熱き思い入れであり、同時に、その記録を誌して平和の礎とし、後世に伝えんとするにある。

小社の出版物は、戦記、伝記、文学、エッセイ、写真集、その他、すでに一、〇〇〇点を越え、加えて戦後五〇年になんなんとするを契機として、「光人社NF（ノンフィクション）文庫」を創刊して、読者諸賢の熱烈要望におこたえする次第である。人生のバイブルとして、心弱きときの活性の糧《かて》として、散華の世代からの感動の肉声に、あなたもぜひ、耳を傾けて下さい。